鹿児島大学島嶼研ブックレット

11

TOUSHOKEN BOOKLE

国外外来種の動物としてのアフリカマイマイ

冨山清升 著
TOMIYAMA Kiyono

●目次●

国外外来種の動物としてのアフリカマイマイ

Giant Agrical Snail as Invasive Alien Species

TOMIYAMA Kiyomori

I　はじめに：外来種問題とは

外来種問題が最近、日本でも注目されるようになってきましたが、そもそも外来種問題とはどのような問題なのか、という面から理解していかなければなりません。なぜ、外来種が昨今問題視されるようになってきたのでしょうか。大きな前提として、地球上の生物多様性は保全していかなければならないという命題がありますが、その多様性を低下させている要因としては、大きく分けて、二つの要因があげられます。

まず、第一に、野生生物種が生息している生態系へのヒトによる直接攪乱があげられます。開発行為や汚染行為によって、野生生物の生息地を破壊したり、直接生存を脅かしている行為です。直接殺傷や捕獲などもこの行為に入ります。とにかく、生物の多様性を低下させている最大の要因は、この人為による直接影響です。その根本原因は、ともかくヒトという種が増えすぎたということにつきると考えられています。ヒトの人口が増えすぎて、なおかつ、産業の発達に伴い、ヒト一個体あたりの浪費量が極端に増加してきました。その結果、これまでは、地球全体の許容範囲内でなんとか生態系が維持できましたが、その許容範囲を超えるようになり、地球上の生物圏が崩壊しつつあります。その崩壊の一つとして生物多様性の低下が認識できるようになってきたとも言えます。

そして二番目に挙げられる要因として、外来種問題があります。外来種とは言っても、自然状態で生物が分布を拡大する行為は、生命の開闢《かいびゃく》以来行われていた訳であり、ある意味では、新たな外来種の侵入ははるか昔から繰り返されてきた事象ではあります。問題になる現象は、ヒトの活動が原因となって、外からの新たな種の侵入が急激かつ広範囲にわたって生じている状況です。急激な外来種の侵入は、場合によっては、そこに存在する固有の生態系を破壊し、固有の生物種を絶滅に追い込むことになります。結果として、生物多様性の低下をもたらします。

外来種が、在来の固有生態系にどのような問題をもたらすのでしょうか？　大きく分けて、以下の五つの問題点が知られています。

（一）　生物間相互作用を通じて、在来種を脅かす問題。

これは、直接の捕食によって、本来生息していた種が絶滅の危機に陥るような現象です。たとえば、北米原産のブラックバス（広く見られる種の標準和名はオオクチバス）が、日本の湖沼や河川に持ち込まれ、在来の水棲生物を駆逐してしまっているような状況があげられます。

（二）　在来種と交雑して、雑種を形成することにより、在来種の純系を失わせる問題。

これは、例えば、日本にはイワナという渓流魚が生息していますが、一部の河川では、ヨーロッパから持ち込まれたカワマスと交雑してしまい、雑種が固有種のイワナを駆逐するという現象が観察されています。別の例では、一時期、ニホンイノシシとヨーロッパ原産のブタをかけ合わせてイノブタという雑種を作って肉用に供することが流行りましたが、そのイノブタが逃げ出し、在来のニホンイノシシと交雑しています。日本本土のイノシシにはもはや純系のニホンイノシシが存在しないのではないかと言われている状態になっているといわれています。

（三）　生態系の物理的な基盤を変化させる問題。

外来種がそれまでの在来種とまったく異なった生態様式を持っていた場合、本来の固有生態系が根本的に変わってしまう場合があります。例えば、アメリカザリガニは、湖沼や河川で土手に穴を掘って生活する生活形を持っていますが、本来東北以北のニホンザリガニの生息地以外の地域では、日本にはそのような生態型を持った水棲生物は生息していませんでした。アメリカザリガニが入ったために、日本の河川生態系はかなり変容してしまったと言われています。

（四）　ヒトに病気や危害を加える問題。

例えば、北米から養殖用に持ち込まれたギンギツネについて、エキノコックス（単包条虫、もしくは、多包条虫）という肝臓の寄生虫が北海道に持ち込まれました。この寄生虫はイヌやキタキツネに寄生している分には、ひどい悪さはしませんが、ヒトに感染すると致命的な肝臓障害を引き起こします（神谷　一九八九）。これなどは外来種が直接ヒトに危害を加える典型例でしょう。国外からもたらされる伝染病も外来種の範疇に考えて良いわけで、古くは日本に存在しなかった梅毒とか新型インフルエンザ等の病原体も外来種と言えます。

（五）　産業への影響問題。

例えば、太平洋戦争後に、米軍の物資に混じって、多種多様な外来種が日本に侵入しました。農作物に甚大な被害もたらしたアメリカシロヒトリ等はその代表格でしょう（宮下一九七七）。最近では、カワヒバリガイというヨーロッパ原産の淡水性の二枚貝が琵琶湖に定着していることが確認されていますが、この貝は導水管の内側に付着して、水道管などを詰まらせてしまうなど非常にやっかいな被害を世界各地でもたらしている生物として知られています。

Ⅱ　二〇〇七年の鹿児島県本土でのアフリカマイマイ騒動

二〇〇七年十月に鹿児島県本土の出水市と指宿市において、アフリカマイマイ *Achatina (Lissachatina) furica* (Ferussac) という外来種のデンデンムシが発見され、大騒ぎになったことは記憶に新しいではないでしょうか（図1～4）。

二〇〇七年十月一二日　朝日新聞鹿児島地方版記事より：「作物を食い荒らすこともある大型のカタツムリ・アフリカマイマイ一匹が十一日までに出水市で見つかった。県食の安全推進課によると、奄美群島や沖縄県などに定着しているが、県本土で確認されたのは初めて。同課などによると、見つかった一匹は殻の長さが約十cm、高さ約四・五cm。十日午前七時ごろ、同市高尾野町下水流の市道上で、近くの男性が見つけ、市ツル博物館に届け、農林水産省門司植物防疫所が確認した。

この第一報により、マスコミ各社から、筆者に取材が殺到しました。日本において、デンデンムシの生態を研究している者は、十名程度です。なおかつ、アフリカマイマイの生態研究を本格的に行った経験のある者は数名程度しかいないのが現状でした。たまたま、その数少ない研究者

図１　鹿児島県出水市で発生したアフリカマイマイの緊急調査の様子.
2007 年 11 月 13 日．鹿児島県出水市下水流.
上左：アフリカマイマイの最初の個体が発見された付近の様子.
上中：アフリカマイマイが発生していた温室.
右側 3 枚：アフリカマイマイの誘因トラップ.
下左：アフリカマイマイの巨大な糞.
下中：入荷元からアフリカマイマイが付着してきたと思われるムラサキオモトの苗.

の一人が、事件が勃発した鹿児島県に在住していたため、専門家と見なされ、取材が殺到してしまったのでしょう。ここで強調しておきたいのですが、二〇〇七年のアフリカマイマイ騒動で、現地において実際に対策にあたられた方々は、農林水産省の門司植物防疫所、および、鹿児島支所の職員の皆様方であり、鹿児島県農業試験場の害虫担当や鹿児島県庁食の安全推進課の対策担当の職員の方々もその対策に追われました。筆者は、専門に研究している者としての

図 2　鹿児島県指宿市で発生したアフリカマイマイの緊急調査の様子.
2007 年 11 月 14 日．鹿児島県指宿市指宿神社近所.
上左：アフリカマイマイが発生した温室で見かけたアフリカマイマイの稚貝.
上中：野外のヤブ地にいたアフリカマイマイの幼貝.
右上と右中：アフリカマイマイの誘因トラップ.
右下：発生地付近を流れる温泉の川；周辺は冬でも暖かい.
下中：指宿市でアフリカマイマイ発見の第一報の写真が撮られた庭先付近のヤブの調査.
下左：アフリカマイマイの発生あいた温室の調査；ビニールの壁面に生えた緑藻をアフリカマイマイが食べた巨大な食痕が多数残されていた.

図3　アフリカマイマイの野外の写真．2013 年 5 月 26 日；与論島朝戸の琉球石灰岩の崖地にて．殻長は 80mm 程度．

コメントを述べるだけの立場でした。

その結果、二〇〇七年のアフリカマイマイ騒動で分かったことは、どうやらマスコミを含めてアフリカマイマイに関する基礎的な情報が白紙に近い、ということでした。そのせいで騒動がかなり大げさになってしまった状況があったと思われます。このため、一部の非常に過敏な反応の結果として、アフリカマイマイが恐怖の動物に祭りあげられてしまった側面もありました。したがって、アフリカマイマイに関する正しい情報をマスコミや行政を通じて流す必要性を痛感しました。「アフリカマイマイが外来種とは言っても普通のデンデンムシと同じで、過剰

図4　鹿児島市で開催されたアフリカマイマイの緊急対策会議の様子.
2007年11月14日.
下中：出水市で最初に発見されたアフリカマイマイ（農林水産省門司植物防疫所鹿児島支所撮影）.
上左：指宿市のアフリカマイマイが発生していた野外で採集されたアフリカマイマイの幼貝.
上右：指宿市のアフリカマイマイが発生した温室内で採集されたアフリカマイマイの稚貝.
上中・下左・下右の3枚：アフリカマイマイの緊急対策会議の様子.

に怖がる必要はない」、といった内容の情報を自分なりにマスコミを通じて発信したつもりでしたが、やはり騒動は、始まってしまうと止まらなくなるというのが実感でした。

アフリカマイマイに関しては、二〇〇七年当時から現在にいたるまで、各種マスコミ、行政機関、一般の方々などから、多種多様な質問を受けてきました。それらを総合して検討してみると、学術的な興味に基づいて研究してきた内容と、一般の皆様方が知りたがっている情報との間にはかなりの隔たりがあることを痛感しました。ある意味、これは当然の結果だったのかもしれません。そこで、本稿では、アフリカマイマイの基本生態に関して、簡単に紹介してみたいと思います。

Ⅲ　アフリマイマイとはどのようなデンデンムシなのか

アフリカマイマイ *Achatina (Lissachatina) furica* (Ferussac, 1821) はアフリカ東部海岸のモザンビーク付近が原産の大型のデンデンムシです。日本でみかける普通のデンデンムシとは異なり、海産貝のバイのような細長い殻を持っています。殻のサイズは最大で二十cmを超えると言われていますが、通常は最大で十数cm程度です。

世界各地への分散は、食用としてアフリカ大陸本土から、十八世紀にマダガスカル島に持ち込まれたのが最初といわれています。十九世紀には、結核に効くという迷信によって、薬用として、インド洋の島々やセイロン島に持ち込まれました。その後、インドを経由して、東南アジア全域、ハワイ諸島や太平洋全域に広がりました。一九九〇年代になって、米国のフロリダ経由でブラジルに持ち込まれ、現在ブラジルでは爆発的な増殖をし、深刻な農業被害をもたらしています。

日本への持ち込みの経緯は下記のようなものです。一九三二年、台湾総督府警務衛生課の技師だった下條馬一によって、シンガポールから十二個体が台湾に持ち込まれました。その情報を聞きつけた台湾在住の田沢震五・宮島龍華の両氏が、下條氏からそれぞれ四個体ずつをもらい受けました。田沢氏は「農家の副業として食用カタツムリの養殖！」として大々的に宣伝し、昭和大不況だった全国の農家がこれに飛びついて各地で養殖されました。このあたりは、ジャンボタニシ（スクミリンゴガイ *Pomacea canaliculata*）とラプラタリンゴガイ（*Pomacea insularum*）の持ち込みの経緯に酷似しています。一九三二年には、既に東京の夜店で売られていたことから、全国への拡散は短時間で急速だったようです。しかし、アフリカマイマイは、食用としての販路がなく、一九三六年には有害動物指定され、飼育が禁止されました。また、肺病に効く、というまやかしで薬用としても販売されていました。台湾に持ち込まれた一九三六年頃には農業被害が確認され、養殖業への警鐘が発せられていました。現在、台湾ではアフリカマイマイが食用として養殖が行われています（張 一九八四）。既に鹿児島県には、一九三七年に徳之島に持ち込まれたのが最初とされているため、日本に持ち込まれた初期には鹿児島県に入っていたことになります。現在、日本では無霜地帯である沖縄県、奄美群島、小笠原諸島で定着しています。

国外の事例ではアフリカマイマイは侵入した直後に爆発的な増殖をし、農作物に甚大な被害を与えてきたことが知られています。

奄美・沖縄・小笠原でも一九七〇年代まではアフリカマイマイが大増殖して深刻な農業被害が生じていたことが記録からわかります。しかし、現在はどの地域にもほそぼそと生息はしているものの、甚大な農業被害を与えるほどには増えていません。小笠原父島では、一九八〇年代後半まで本種が高密度で生息していましたが、一九八〇年代後半に急速に生息密度が低下してしまいました。図33、34は、その密度低下を時系列的に追った実際の数値です。アフリカマイマイが侵入した後、個体群密度の増加を数値で示した研究例は多いのですが、密度の急激な減少を示した事例は、小笠原父島で観察されたこの事例だけだと思われます。増殖が終息した原因は、これまで各種の調査が行われてきましたが、正確なところはわかっていません。何らかの捕食性天敵が増えて、アフリカマイマイの個体数が低く抑えられているせいではないかと予測されていますが、それが何なのかは不明です。ノミバエ、陸生プラナリア（コウガイビル類）、陸生ヒモムシ類などの増殖が可能性としてあげられています。大増殖した後に終息してしまう事例は、汎世界的な現象のため、単一要因ではない可能性があります。

太平洋戦争後には、記録としてアフリカマイマイが日本本土で繁殖した事例はありません。二〇〇七年の鹿児島の事例が初めてだと植物防疫の方からお聞きしました。二〇〇二年に横浜市鶴見区の住宅街で生きたアフリカマイマイが発見され、神奈川県立博物館においてアフリカマイ

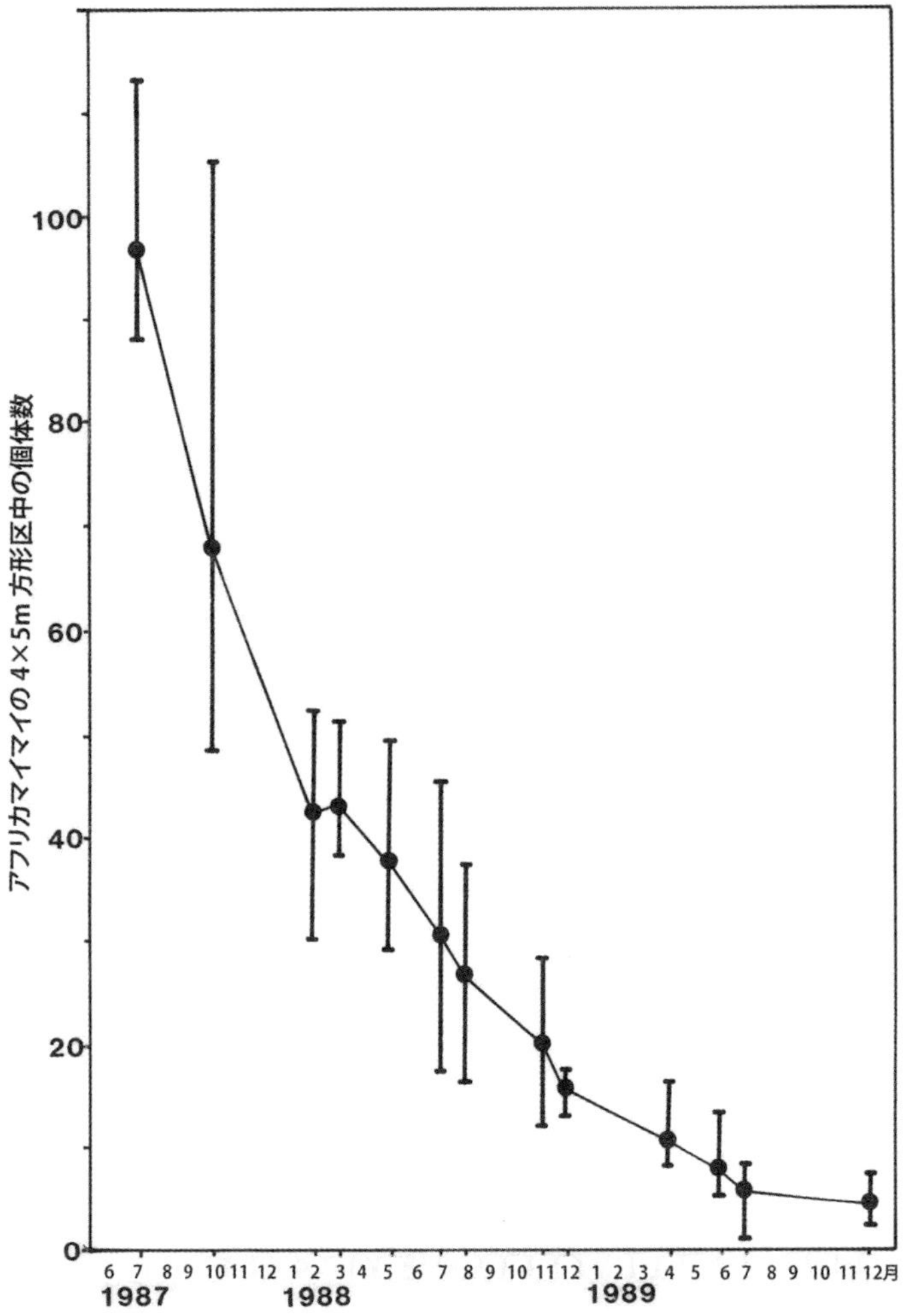

図 33　アフリカマイマイの生息密度の年時変化．1987 年 6 月～1989 年 12 月の期間．4 × 5m 方形区 4 個の個体群密度変化．小笠原諸島父島の宮之浜道にて．縦のバーは、最大値と最小値の範囲を示す．

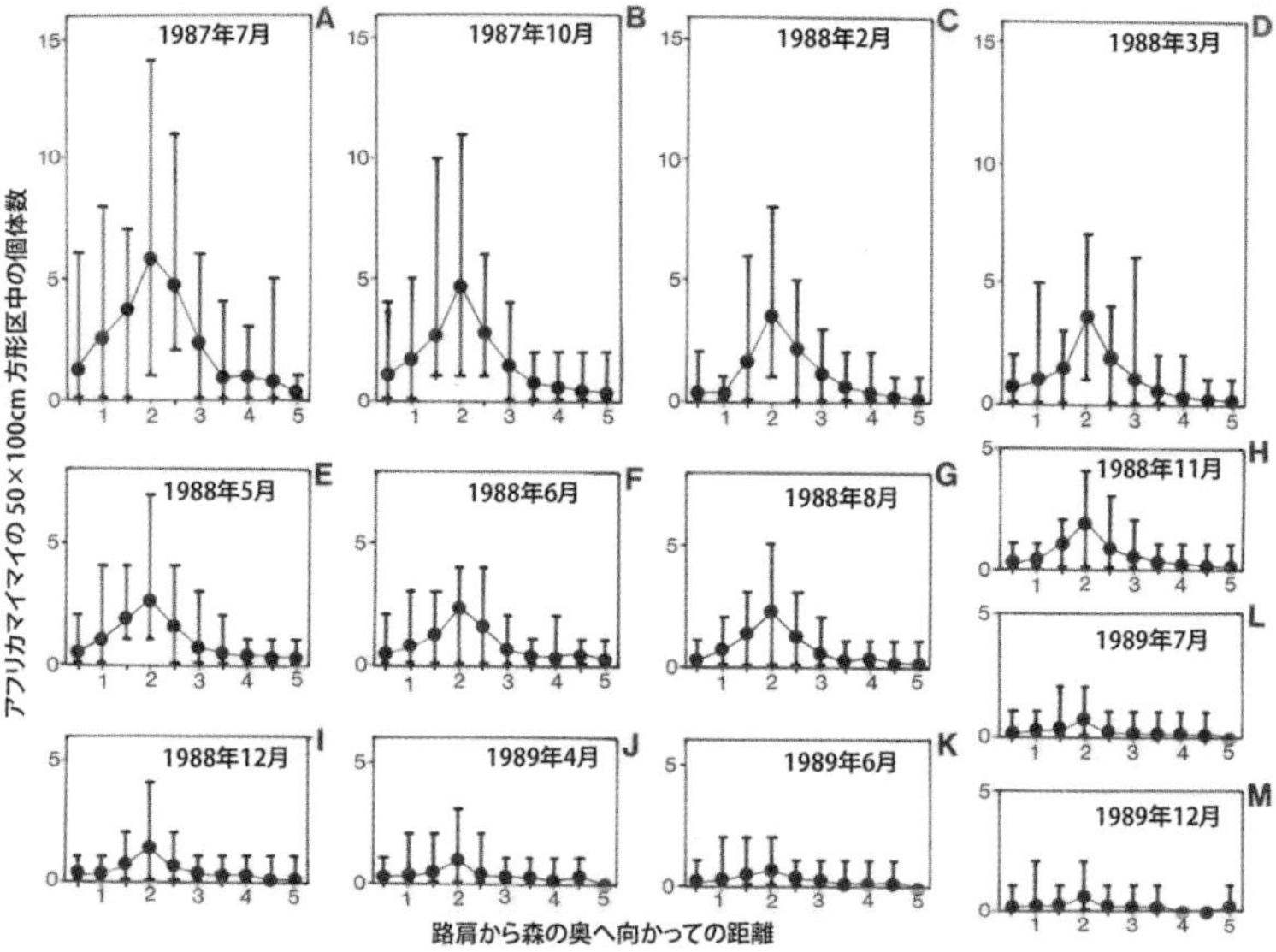

図 34　アフリカマイマイの生息密度の年時変化.
道路際に幅 5m（道から奥の森にかけて）× 16m（道に平行の方向）の方形区を設け，50 × 100cm の小方形区に分けた．それぞれのグラフは，アフリカマイマイの生息密度が道沿いから森の奥にかけて 50cm ごとにどのように変化しているかを表している．それぞれの点は 16 小方形区の平均値であり，縦方向のバーは最小値から最大値までの範囲を表す.

マイと同定され、神奈川新聞に掲載された事例がありますが、横浜植物防疫所には通報されていませんでした。

外来種の定着例の分析で、一般に、動植物は北上する事例は多いですが、南下の例は少ないことが知られてきました。薩南諸島などの島嶼への侵入も同様で、アフリカマイマイのような南方起源種が北上侵入する事例は多いのですが、北方起源種の南下侵入は少ないのです。これは、南方原産種は、主に耐寒性を獲得するだけで（遺伝的、非遺伝的を問わず）、北上が可能になるのに対し、北方原産種は、植物や動物、特に昆虫類は休眠や光周性を生活史に組み込んでいることが多いために、気温や日長の季節変動が少ない低緯度地方の南方へ生活適応するためには、休眠や光周性を変化させる変異が要求されるため、南下が難しい、と解釈可能です。この仮説は、小笠原諸島や大東諸島での初期開拓の時代、ソバなどの日長条件が要求される作物の導入の多くが失敗に終わった、という事例からヒントを得て考えついたものです。冨山（二〇〇二a）の「島嶼」の項目で、この仮説を初めて述べましたが、その後の反応は何もありませんでした。過去にこのような内容の仮説を記述したり検証したりした研究事例がないものか検索したものの、今のところそのような論説や研究例には巡りあっていません。もしかしたら、オリジナルな考え方なのかも知れません。

Ⅳ　アフリカマイマイの分類学的な位置づけ

軟体動物（貝類）の中で、陸産貝類とは陸上生活に適応した巻き貝類（軟体動物門腹足綱直腹足亜綱）を指す通称名であり、系統分類学上の特定の分類群を指す名称ではありません。陸産貝類に属する貝類は、分類学的には複数の目（Order）にまたがっています。ゴマオカタニシ科 HYDROCENIDAE やヤマキサゴ科などが所属するアマオブネガイ目や、ヤマタニシ科やゴマガイ科などの属する原始紐舌目は、海の貝と同様に殻にフタを持っています。殻にフタを持たない陸産貝類として、ケシガイ科が属する真正有肺亜目（異鰓上目・有肺目）、アシヒダナメクジ科が属する収眼下目（同目）、大半のデンデンムシ類が属する柄眼下目（同目）が知られています。これらの新しい分類体系はここ二〇年程度の間に定着してきたもので、今後も呼称名や所属する分類群が大きく変わる可能性もあります。

日本を含む東アジアにはアフリカマイマイ科に属する貝類は生息していません。日本には、アフリカマイマイ科に近縁の陸産貝類としてアフリカマイマイ超科のオカチョウジガイ属に属する貝類が分布しています。本属に属する種は、奄美群島では、オカチョウジガイ（図5）やシリブ

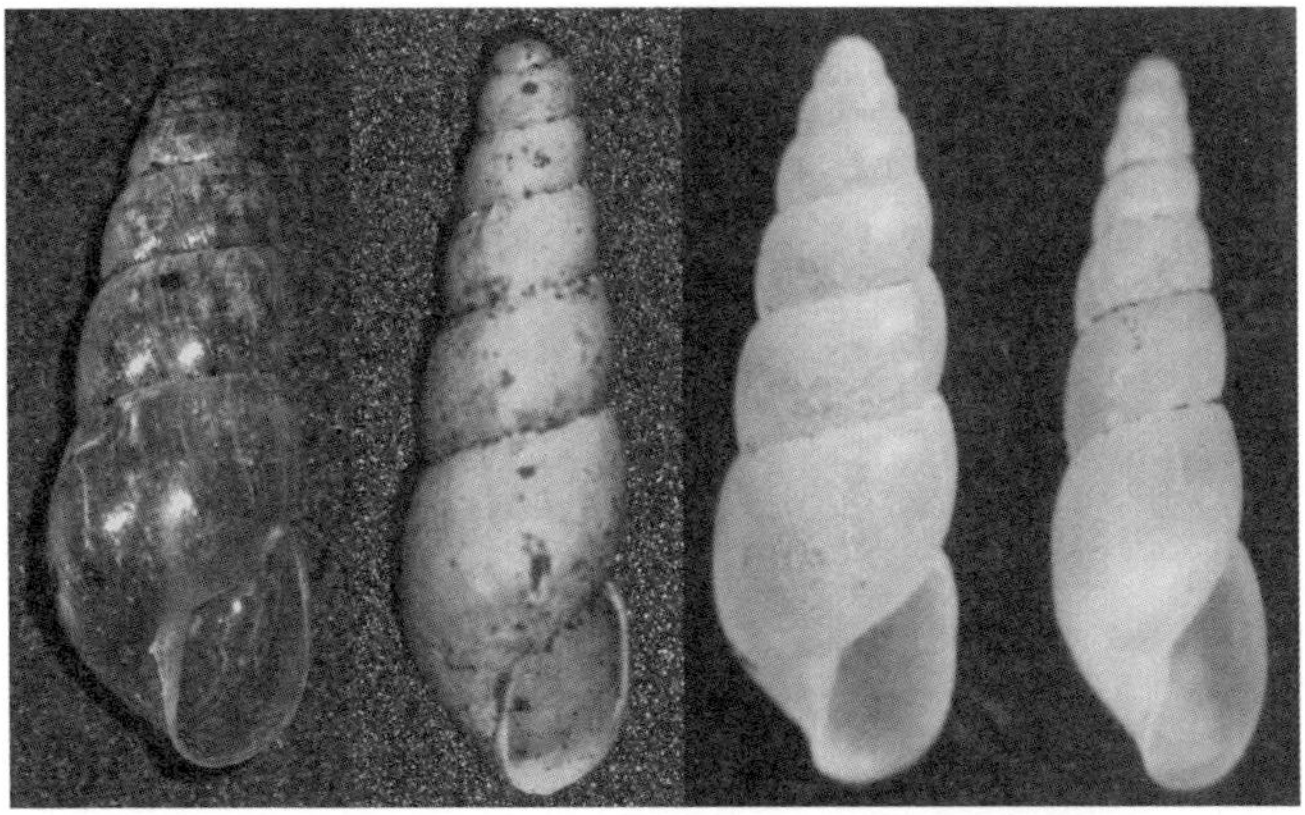

図5　左からオカチョウジガイ（鹿児島県指宿市竹田神社；2014年11月7日採集；9.8mm），ホソオカチョウジガイ（鹿児島県南さつま市八幡神社；2014年10月30日採集；7.5mm），シリブトオカチョウジガイ（沖永良部島；行田義三撮影；11mm），トクサオカチョウジガイ（沖永良部島；行田義三撮影；10mm）．

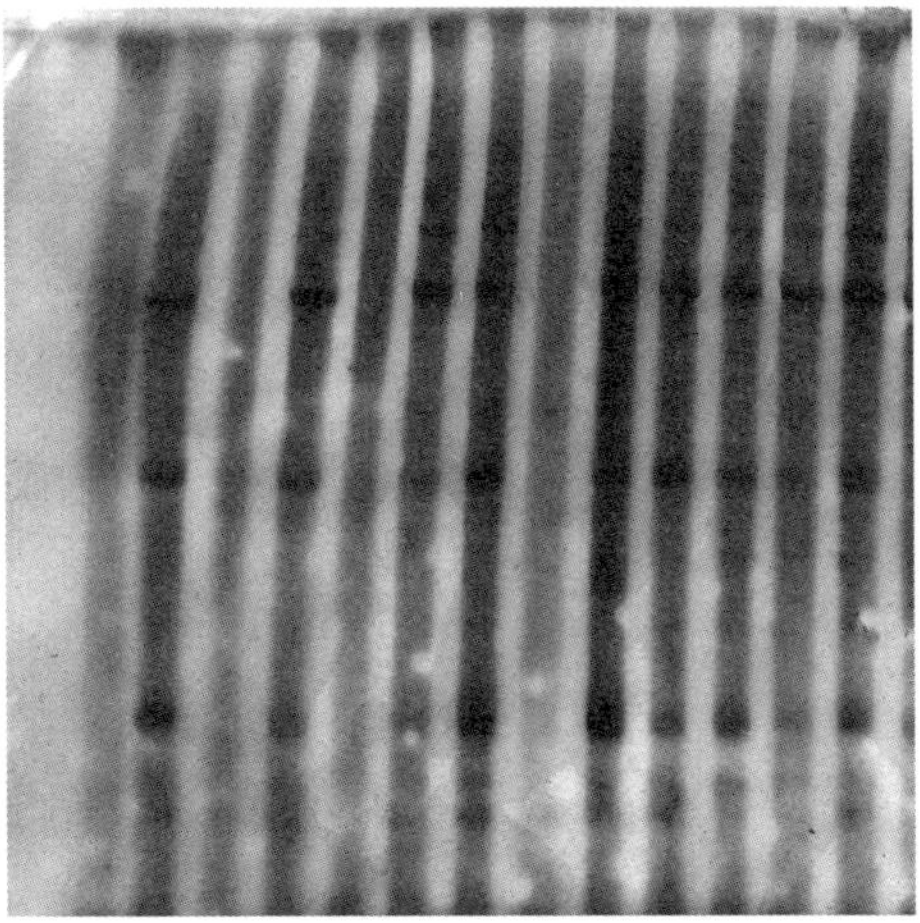

図6　アフリカマイマイのRAPDプライマー増幅泳動像．ポリアクリルアミド・ゲル電気泳動，DNAの銀染色．この写真は，プライマーにOPB-07を用いた場合の増幅像の例．小笠原諸島父島産のアフリカマイマイの腹足から採取したDNAを用いた．10個体は正常に増幅されたが，4個体は失敗している．バンドのパターンがまったく同じで，個体間のDNA多型がまったく観察されない．

トオカチョウジガイ、ホソオカチョウジガイが在来種として分布しています。本属の国外外来種として、トクサオカチョウジガイは奄美群島を含む薩南諸島に広く見られ、オオオカチョウジガは奄美群島に侵入しています。

「鹿児島に侵入したアフリカマイマイの移入元をDNA鑑定で特定できないだろうか?」と依頼を受けたことがあります。アフリカマイマイのDNA分析は基礎研究がほとんどないため、現状ではすぐには実行不能です。予測として、現在日本にはびこっているアフリカマイマイは、一九三二年に持ち込まれた四個体が起源であるため、ほとんど遺伝的に均質でクローンに近い状態ではないかと推定できます。実際に、小笠原諸島父島のアフリカマイマイを用いて、RAPD (Randomly Amplified Polymorphic DNA) プライマー法で、簡易的にDNA増幅断片長多型を見てみたことがありますが、ほとんど多型が検出できませんでした(図6)。小笠原地域以外のアフリカマイマイと比較をしていないため、現時点では何とも言えませんが、恐らくDNA多型は検出出来ないと思われます。個体間で多型が検出できなければ、起源元の推定は無理です。血縁推定で普通に用いられているSSR部位を用いたマイクロサテライト遺伝子を用いるDNAフィンガープリント法であっても、個体間変異に基づく多型がなければ、移入元の推定は不能です。

V　アフリカマイマイの基本生態

軟体動物の多くの分類群は、雌雄異体の性システムをとっています。巻き貝類の中で、下綱の異鰓上目に属するアメフラシ類やウミウシ類、カタツムリ類は、雌雄同体であることが知られています。アフリカマイマイも雌雄同体であり、同時に精子と卵子を生産できます。しかし、成熟初期の若齢成熟個体は、精子しか生産できず、その後成長が進んで完全成熟個体になると、精子と卵子を生産するようになる雄性先熟の成熟様式をとっています。本種は雌雄同体ですが、自家受精はできないことがいくつかの飼育実験によって確認されています。

アフリカマイマイは、新たな生息地ではなぜ爆発的な増殖を示すのでしょうか。まず、アフリカマイマイは繁殖力が他の陸産貝類に比べ、圧倒的に大きいのです。殻高十cm程度の中型個体でも一腹卵数が一〇〇個を越します。殻高二十cm近い大型個体になると一回で一〇〇〇個以上の卵を産卵します。さらに、気温や湿度の条件が整えば、約十日の間隔で一年中産卵し続ける能力があります。日本産の代表的なデンデンムシであるマイマイ属の各種は、年一回繁殖で、一腹卵数が十~二十個程度なのに比べれば、いかに繁殖力が強いかわかります（図44、45）。

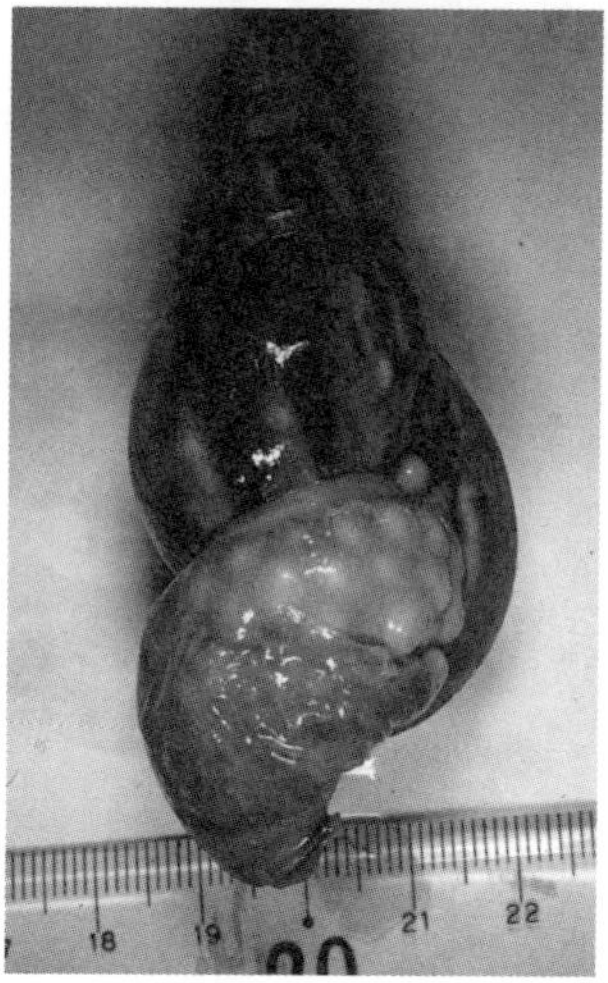

図 44　蔵卵しているアフリカマイマイ.

図 45　アフリカマイマイと卵.

次に、アフリカマイマイの原産地は東アフリカのサバンナ地帯だとされていいます。この地域は、降水量が少なく、降雨期と乾燥期が不定期なことが多く、非常に不安定な生息環境です。このような不安定な環境下で進化してきたため、侵入した地域でも、環境の不安定な攪乱地を好む傾向が強いとされています。畑地やプランテーションは、在来の自然環境の中では攪乱された場所であり、アフリカマイマイが持つ攪乱地嗜好性という生態的特性が、農地という環境によく合っていたということになるのでしょう。このため、本種は、森林の内部よりも林縁部のヤブ地を非常に好む傾向があります。南米におけるアフリカマイマイの分布と発生状況と気候を関連づけたモデル分析が行われ、本種の気候嗜好の特性について似たような考察がでています。

さらに、開発されたばかりの農地は、競争種や捕食者に欠けるという一般的な特性があります。農地やプランテーションでは、高い繁殖力・撹乱地嗜好性・他種の欠如、という三条件が揃って、アフリカマイマイは爆発的な増殖を示すのだと思われます。

鹿児島県の島嶼部では、島嶼生態系の脆弱さもあって、外来種は深刻な問題を引き起こしています。鹿児島県の陸産貝類にも多くの外来種が知られていますが、ここでは、特殊病害虫指定種と言って、深刻度ではワンランク上の扱いをうけているアフリカマイマイについて述べます。

前述した外来種問題五項目（六頁〜八頁）の中で、アフリカマイマイの場合、農地で大繁殖をして農作物を食害するという意味で産業に影響を与える農業害虫としての側面が大きいです。国外では、一晩で野菜畑を丸裸にしたという記録があります。また、繁殖力も強く、被害を受けているプランテーションにおいて、生息数が幼貝も含めて一㎡当たり千匹を越えた、という信じがたい密度にまで増殖することがあります。

アフリカマイマイは国外の事例でも、小笠原、沖縄や奄美の事例でも、なぜか自然林の中ではあまり繁殖しません。畑地やプランテーション、林縁部、畑地周囲のヤブ地などを好んで生息しています。典型的な攪乱地選好の害虫です。昼間は畑地周辺のヤブ地に潜んで、夜間に畑地に出てくる生活を採っています。このため、アフリカマイマイの防除剤の散布は、畑地そのものよりも、周辺のヤブ地に撒く方が効果的と思われます。

アフリカマイマイの畑地での農業被害が著しい場合、畑地の中、もしくはその周辺に日中のねぐらが確保されている場合が多いのです。奄美大島の空港道路周辺では、道路脇のハイビスカスの植え込みの中や、道路際のやぶにはアフリカマイマイが見られますが、森の中に入るとアフリカマイマイをみかけることは稀です。これはどういうことなのでしょうか。

畑地にアフリカマイマイの昼間のねぐらが少ない場合、その被害は著しく軽減されることが観察されてきました。特に、被害の著しい畑地は周囲を林で囲まれていることが経験的に知られていました。日本の亜熱帯地域では、アフリカマイマイが人為的影響の多い攪乱地に多くみられ、森林内にはほとんど見られないことが報告されています。他の多くの研究例でも、アフリカマイマイは、プランテーション、集落地、畑地などに多く、自然林の中ではむしろ生息数が少ないことが報告されています。多くの研究において、アフリカマイマイは、昼間は畑地の周辺の森林と畑地の境界に存在するやぶの周辺に潜んでおり、夜間に畑地にはいだしてきて農業被害をもたらしている観察事例が報告されています。クリスマス島における観察の結果、熱帯雨林の森林内にはアフリカマイマイを捕食するレッド・クラブが多数生息しているため、アフリカマイマイは捕食圧によって森林内の生息密度が低いのではないかと考察されました。しかし、強力な捕食者が存在しない地域でも、自然林内でのアフリカマイマイの生息密度が少ない傾向が認められ、林内捕食圧という要因はアフリカマイマイが生息しているすべての地域には適用できません。

アフリカマイマイは基本的に夜行性です(降雨時以外は、昼間は隠れて動かない)。電波発信機に震動センサーを付けた追跡調査では、日没後三時間後頃から動き始め、日の出直後まで活動していることがわかりました。明るくなってくると、急速に活動を弱め、ね

図 7　道路際に設定した調査区の写真.
小笠原諸島父島の宮之浜道周辺の都道路に沿った幅 1.5m ほどの草地がベルト状に続いている．草地の奥は約 2.5m ほどの奥行きでギンネムのやぶが、草地に沿って、やはりベルト状に連続してる.

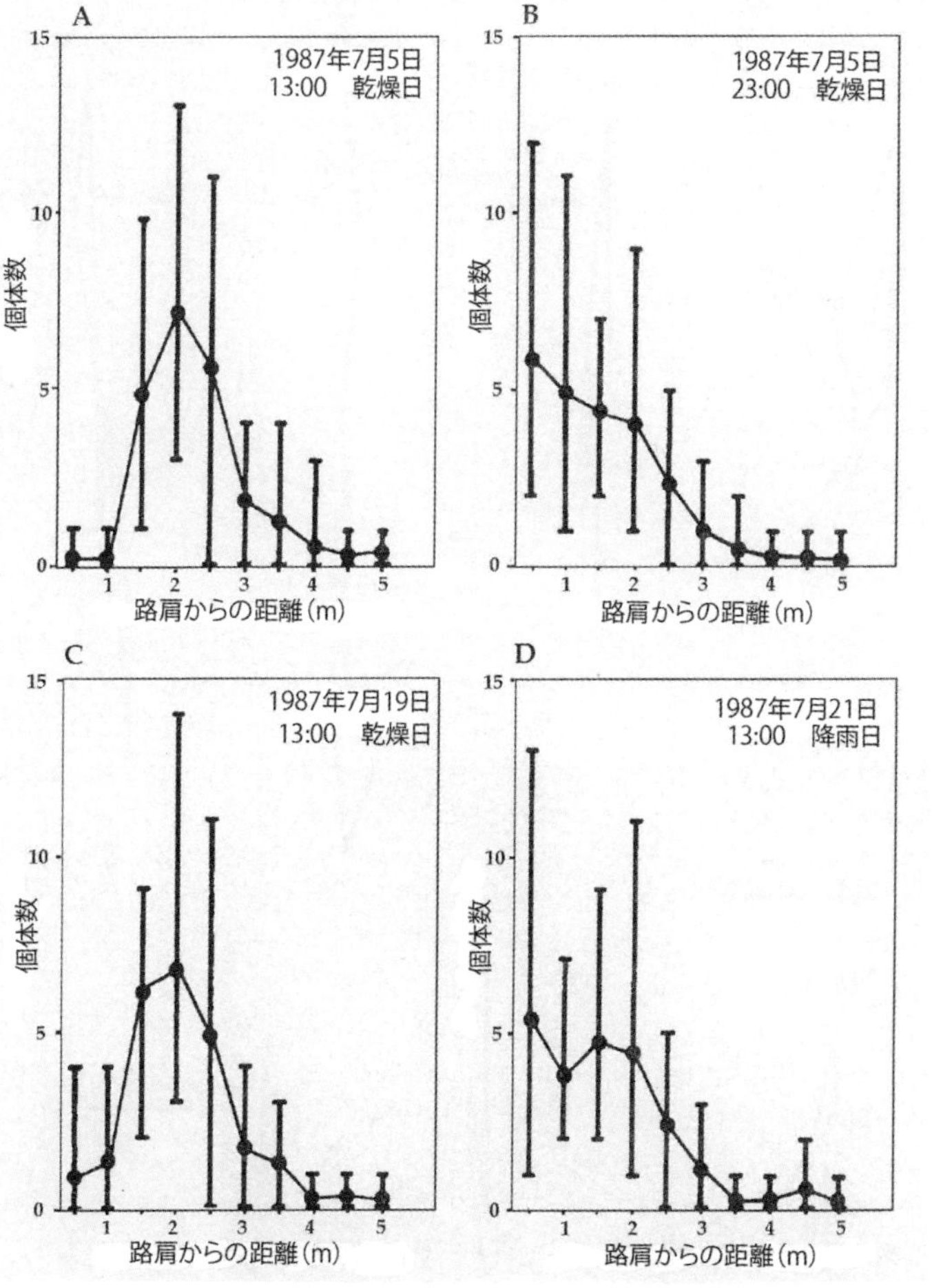

図 8　道路際の場所別の生息密度と日周変化・気象変化.

A：乾燥した日（7 月 5 日）の昼間（13 時）のアフリカマイマイの密度分布. B: 乾燥した日（7 月 5 日）の夜間 (23 時) の密度分布.

C：乾燥した日（7 月 19 日）の昼間（13 時）の密度分布.

D：雨天の日（7 月 21 日）の昼間（13 時）の密度分布.

Tomiyama (2000) より.

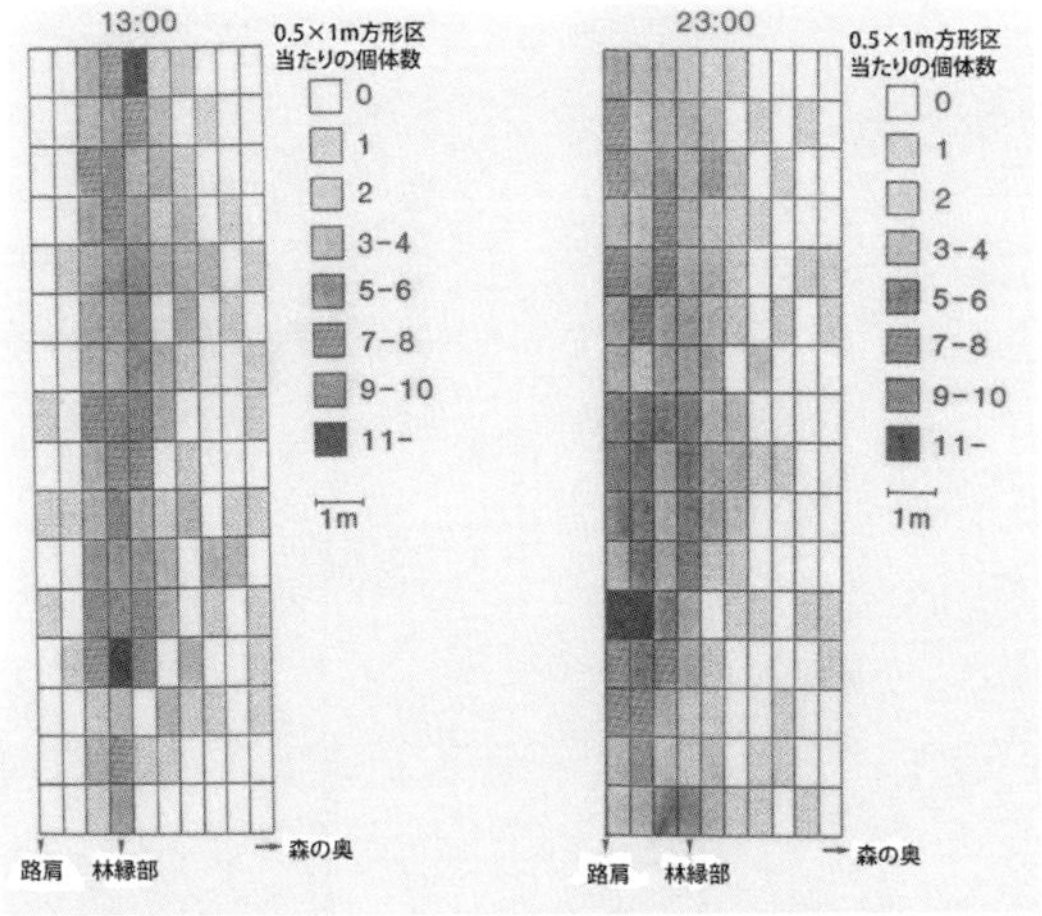

図 9　調査区のアフリカマイマイの密度分布.

左：乾燥した日（7 月 5 日）の昼間（13 時）のアフリカマイマイの密度分布.

右：乾燥した日（7 月 5 日）の夜間 (23 時）の密度分布.

Tomiyama (2000) より.

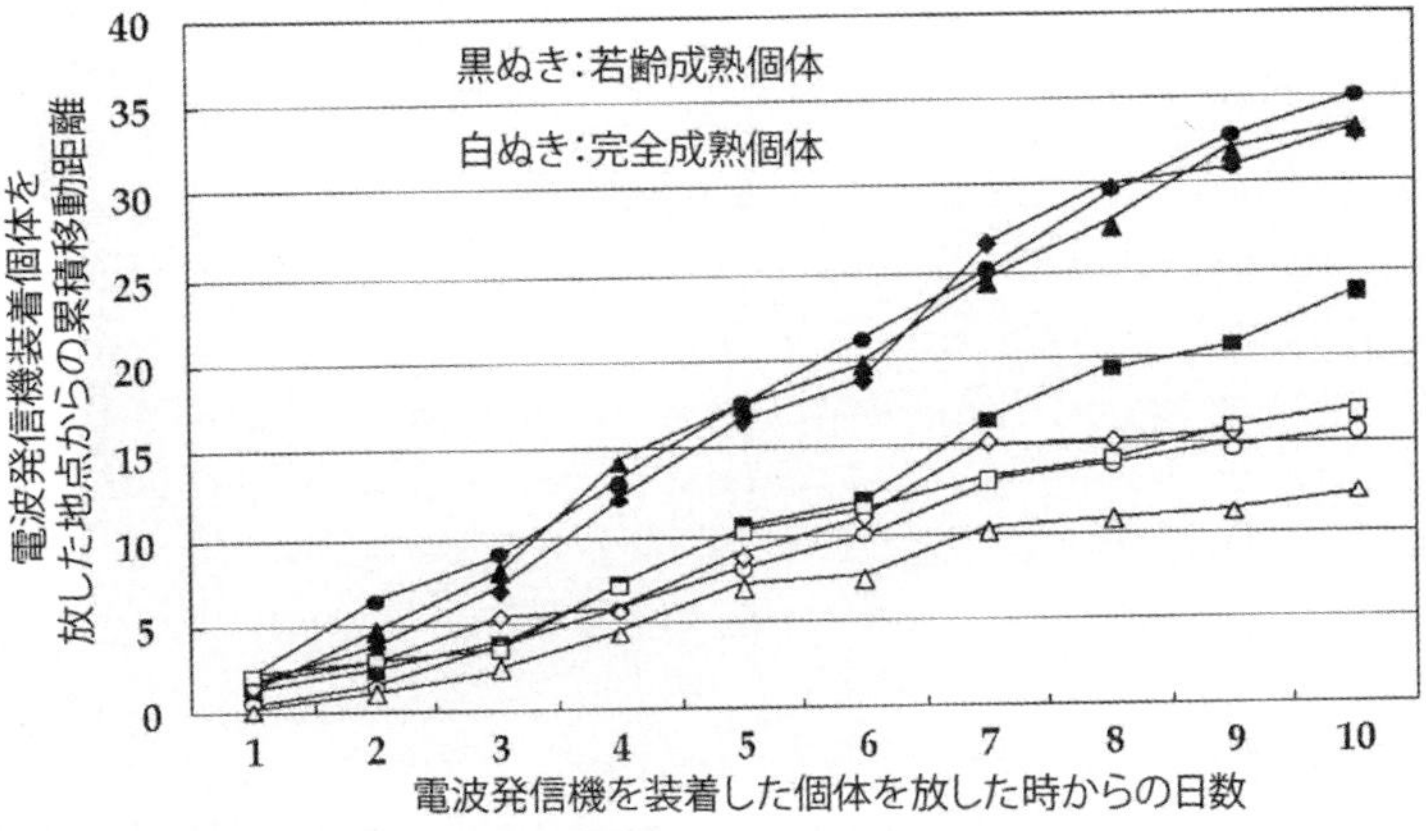

図 10　道路際における累積移動距離と日数の関係.

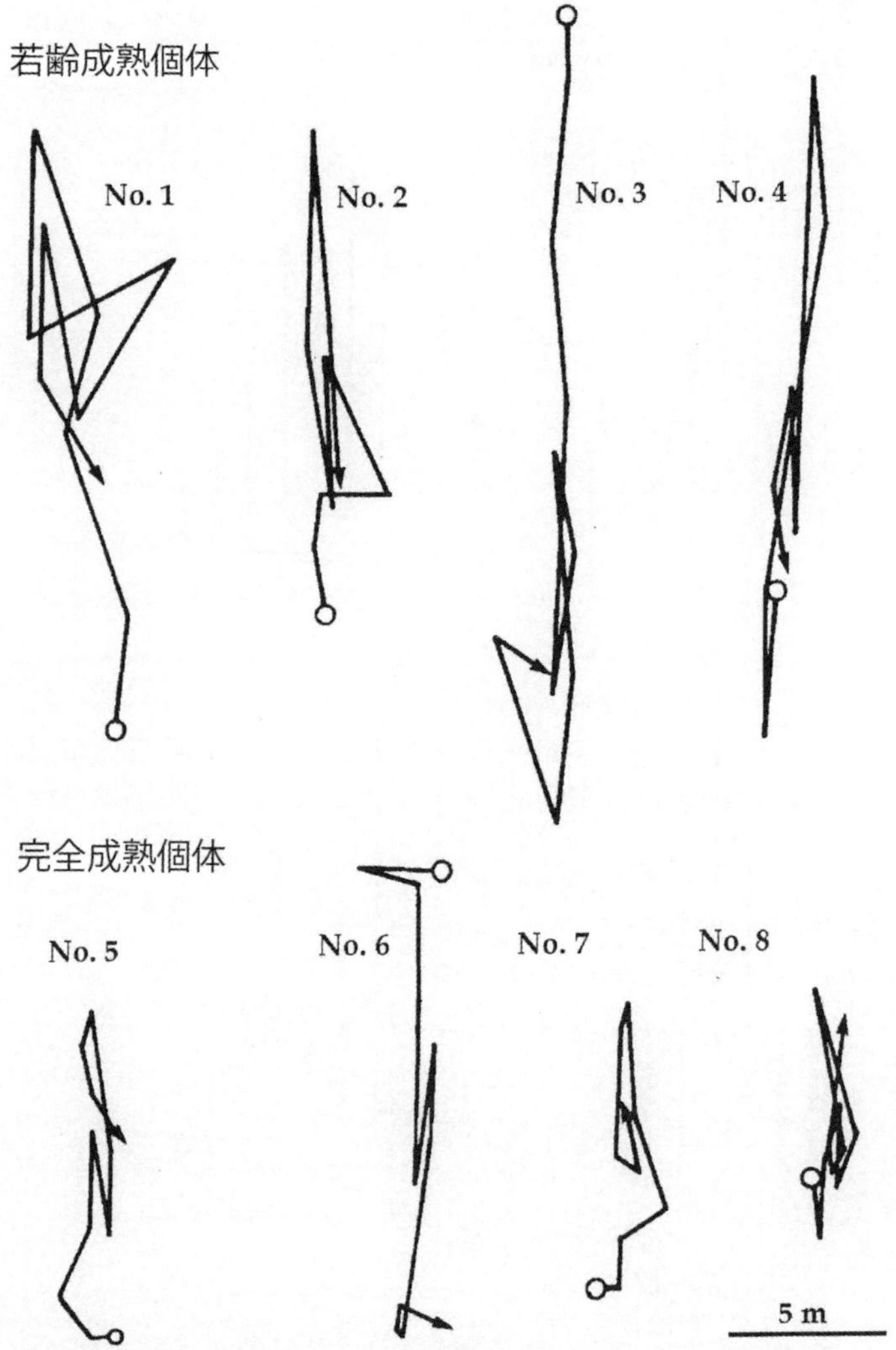

図 11　道路際のテレメトリーによる移動軌跡；２年齢.

ぐらに戻るようです（図7〜11）。夜行性とはいっても、日周活動がきっちり規定されている訳ではなく、雨が降れば昼間も活動しています。しかし、雨天時でも夜間の方が活動は活発す。

これまでの電波発信機で動物の行動を追う研究は、位置の変化を把握することに主眼を置いた研究が大半でした。筆者の協同研究者である、中根正敏さんは、デンデンムシに装着できる超小型発信機の開発に成功し、さらに、小型振動センサーの動作試験にも成功しました（図12）。野外において、アフリカマイマイが動く際の振動を電圧差に変換し、電波で飛ばして、受信機のレコーダーに記録することにも成功しています。その後、野外での観察を繰り返し、行動量を数値化することが出来るようになりました。図13は、ある晴れた夜間の一例ですが、基本的にアフリカマイマイの夜間の行動はほぼ同様です。日没後、すぐに活動を開始することはなく、日没後、数時間を経な

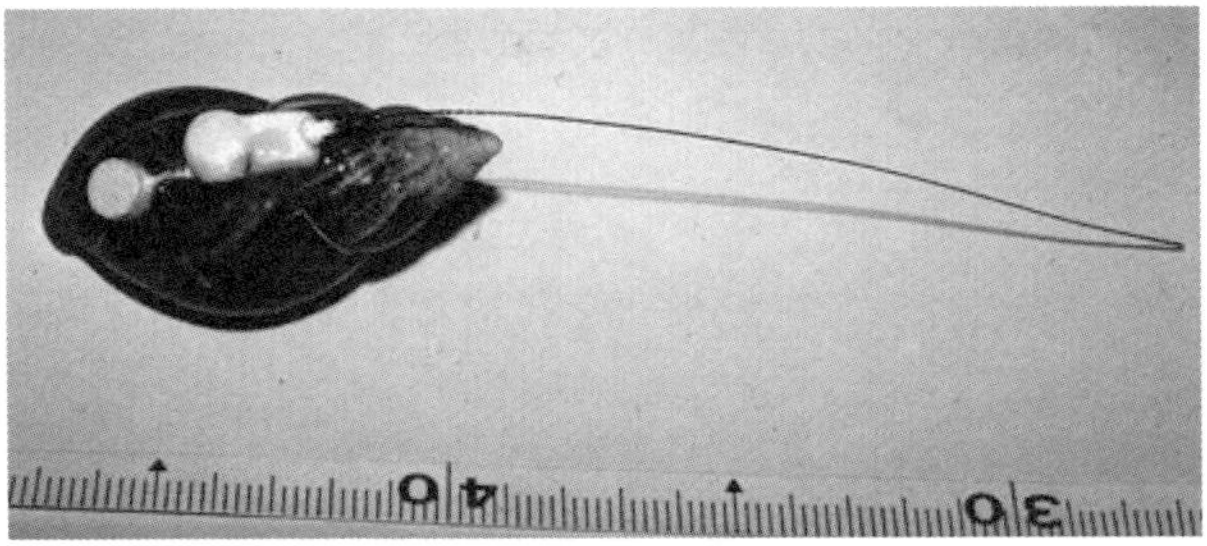

図12　振動センサー付電波発信機をアフリカマイマイに装着した状態．左側の丸い部分が振動センサーの本体．右側の長方形の部分が発信機本体．本体の右側には円形の酸化銀電池が収納されている．スイッチのONは外側に少し出した電線をハンダ付けで通電させる．発信装置は電池の付け替えができないため，使い棄てになる．

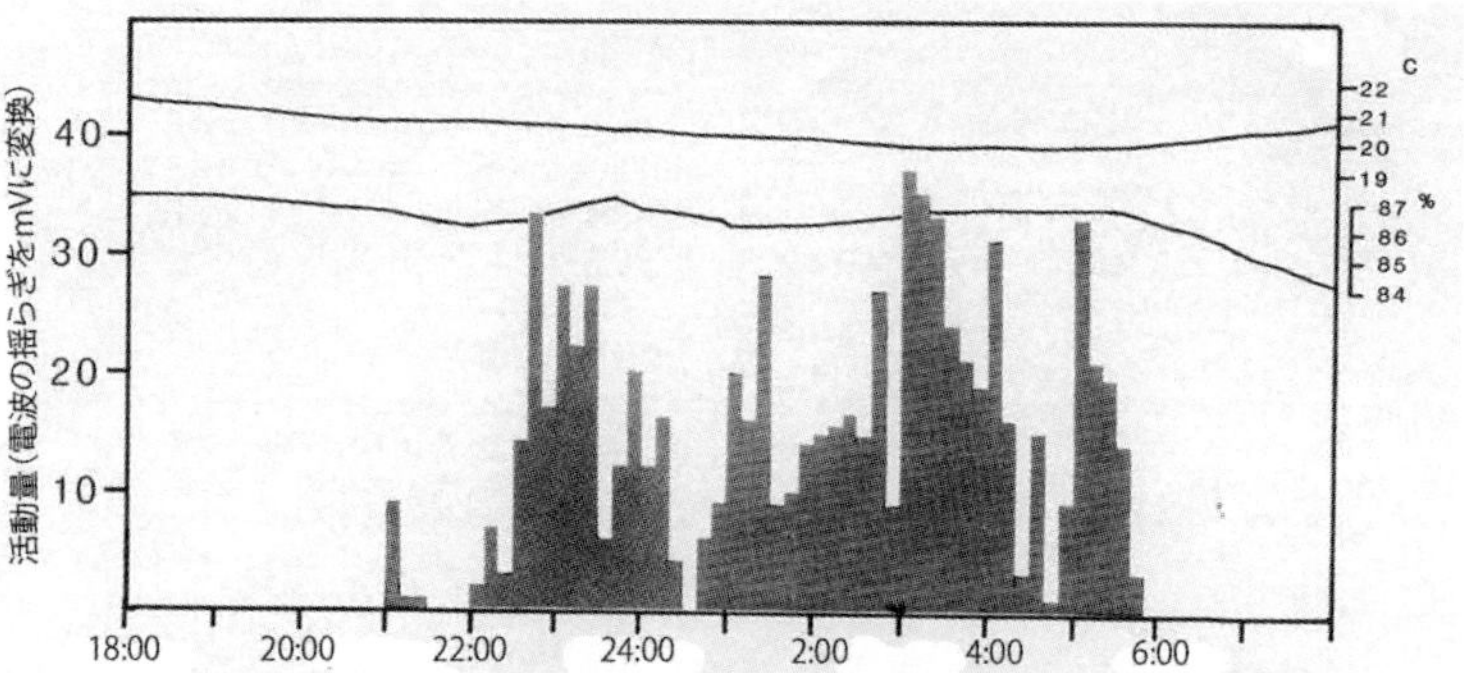

図 13　振動センサー付き電波発信機で得られたアフリカマイマイの日周活動．横軸は時間，縦軸は活動の度合い：電波の揺れをミリボルト単位の電圧の揺れに変換した値．Tomiyama(1993d)より．

いと本格的に活動しないようです。当初は、夜間の湿度が関連しているのではないかと予測されていましたが、湿度計の記録とは関連性がなかったことが示されました。夜間の活動変化は、観察個体や観察日によってまちまちであり、周期性や傾向は認められませんでした。雨が降っていない条件下では、昼間の乾燥を極端に嫌っているようで、朝六時前の薄明状態で、急速に活動を停止しました。雨天時では、昼間も活動しますが、やはり夜間の活動が活発でした。

Ⅵ　アフリカマイマイの行動範囲や移動はどうなのか

電波発信機での追跡観察では、アフリカマイマイは幼貝の頃は移動性が強く、直線的に移動していることがわかりました。幼貝の直線移動距離（昼間のねぐら場所の移動）は、半年で約五〇〇ｍという結果が出ています（図18）。成熟すると、定着性が強くなり、約五ｍ四方の同じような範囲を動き回っていることが判明しました（図14〜19）。移動は直線距離に直すと、一晩に一〇〜二〇ｍくらいは動いているようです。成熟個体は帰巣性が強く、毎晩同じねぐらに潜んでいることが多いです。畑地や道路脇では、周辺の林縁部のヤブに昼間は潜んで、夜間にはいだしてくる生活をしています。

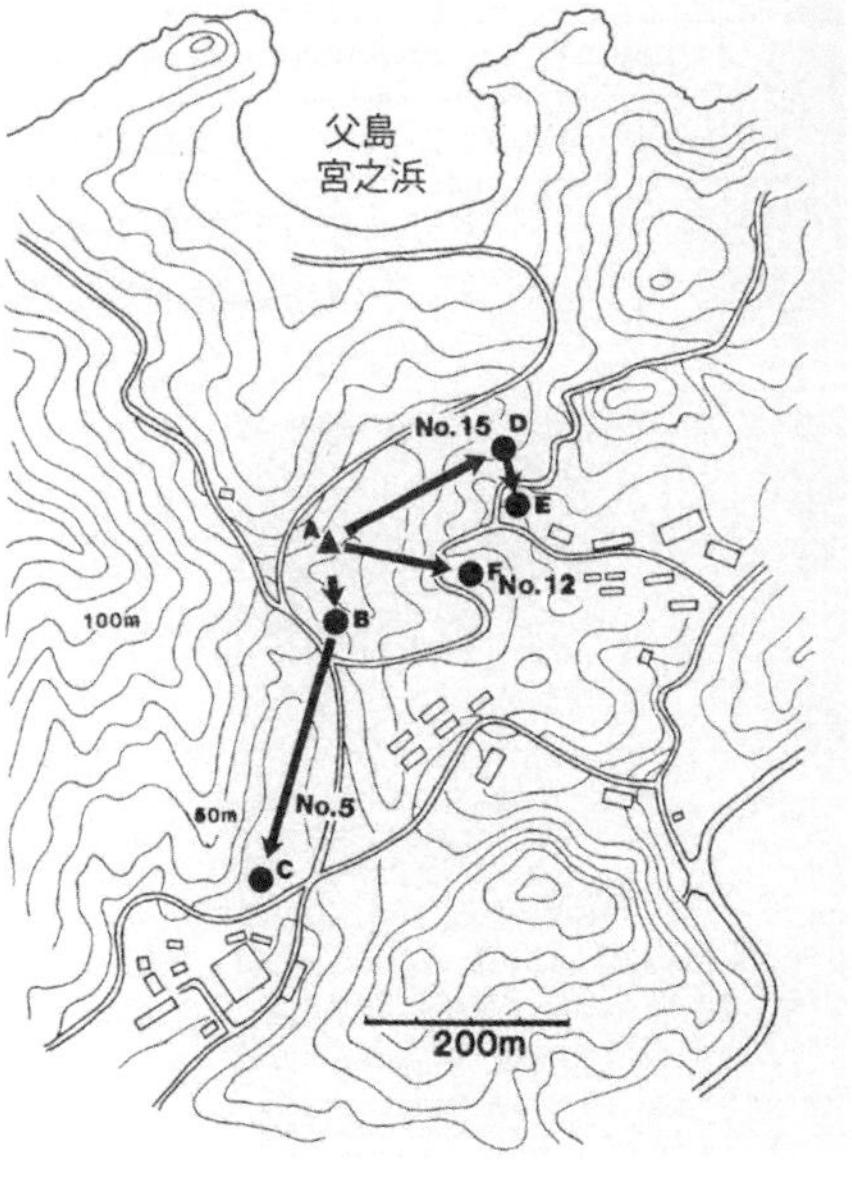

図18　未成熟個体のテレメトリーによる半年間の移動．Tomiyama (1993d) より．

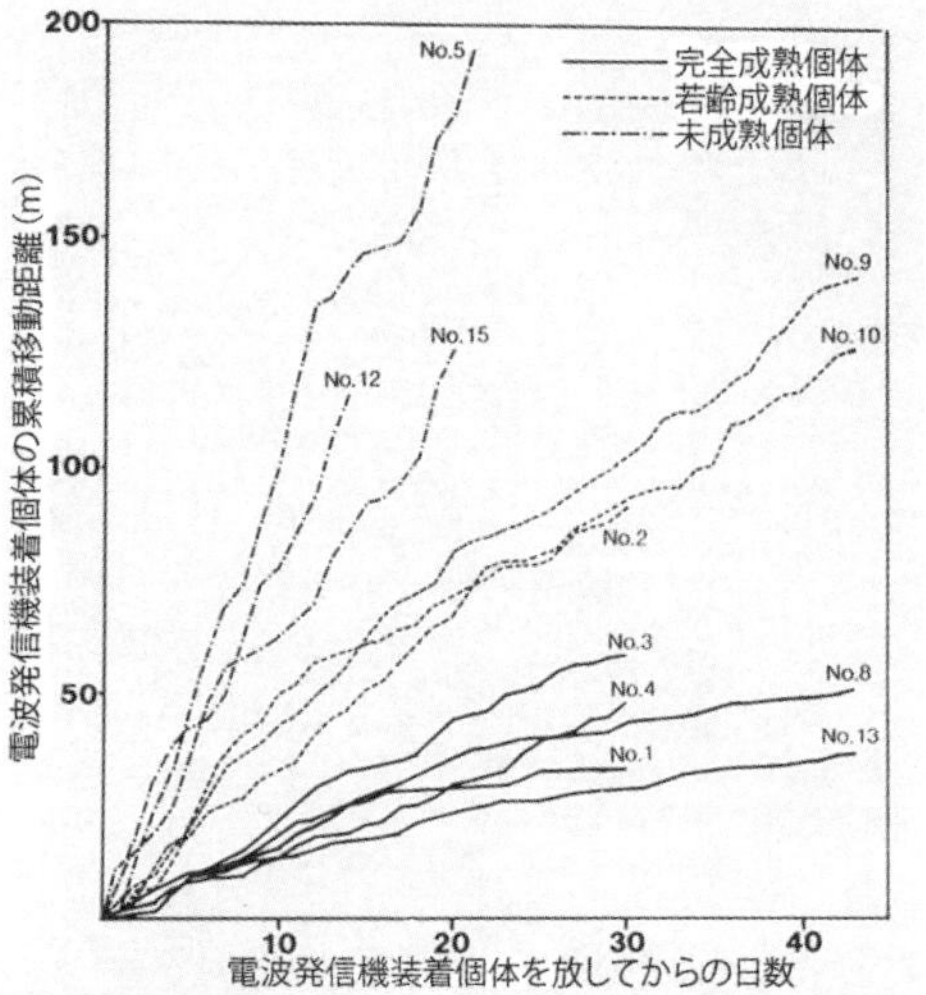

図 14　小型電波発信機を装着したアフリカマイマイ各個体の累積移動距離.
横軸は日数，縦軸は累積移動距離．実線は完全成熟個体，点線は若齢成熟個体，破線は幼熟個体．小笠原父島で調査．Tomiyama (1993d) より．

図 15　小型発信機を装着したアフリカマイマイの野外での状態.
昼間はギンネム林の林床の落葉落枝層に潜んでいる．1988 年 5 月；小笠原諸島父島宮之浜道.

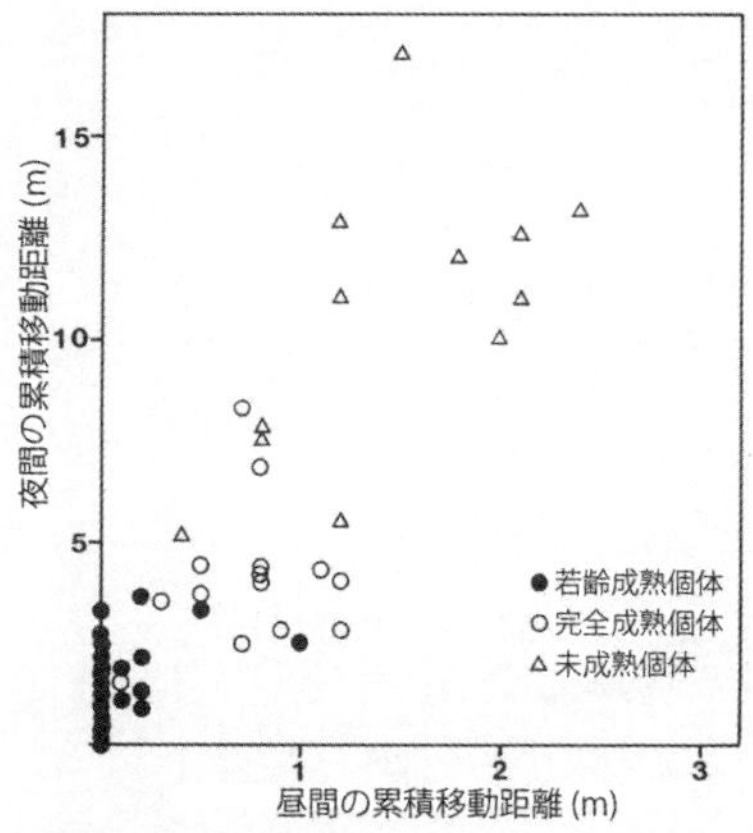

図 16　昼間と夜間の累積移動距離の相関.
△（白抜き三角）：未成熟個体 , ○（白抜き丸）：若齢成熟個体 , ●（黒丸）：完全成熟個体. それぞれ , 横軸が昼間の累積移動距離 , 縦軸が夜間の累積移動距離を示す．Tomiyama (1993d) より.

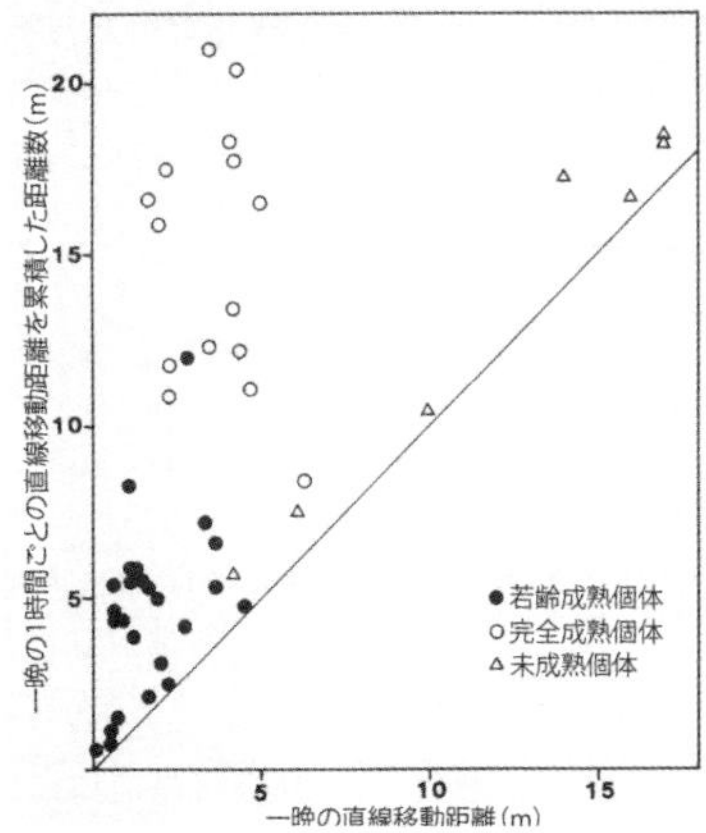

図 17　一晩の直線移動距離と累積移動距離の関係.
△（白抜き三角）：未成熟個体 , ○（白抜き丸）：若齢成熟個体 , ●（黒丸）：完全成熟個体. それぞれ , 横軸が一晩の直線移動距離 , 縦軸が一晩の 1 時間ごとの累積移動距離を示す．Tomiyama (1993d) より.

電波発信機による個体の直接追跡観察によって、生殖器が形成されておらず、繁殖に参加していない未成熟個体は、年間を通して移動性が極めて強く、ほとんど同じ場所には見られないことが解かりました。精子のみ生産している若齢成熟個体と精子と卵の両方を生産している完全成熟個体を比較すると、両者共に定住性の傾向があるものの、完全成熟個体の方が、より定住性が強いことが判かりました（表1～4）。

アフリカマイマイは、生殖に参加しない未成熟期には、分散することに主にエネルギーを投資し、生殖を行えるようになった成熟期には、移動によりも生殖にエネルギーを投資する結果ではないかと考察されました。さら

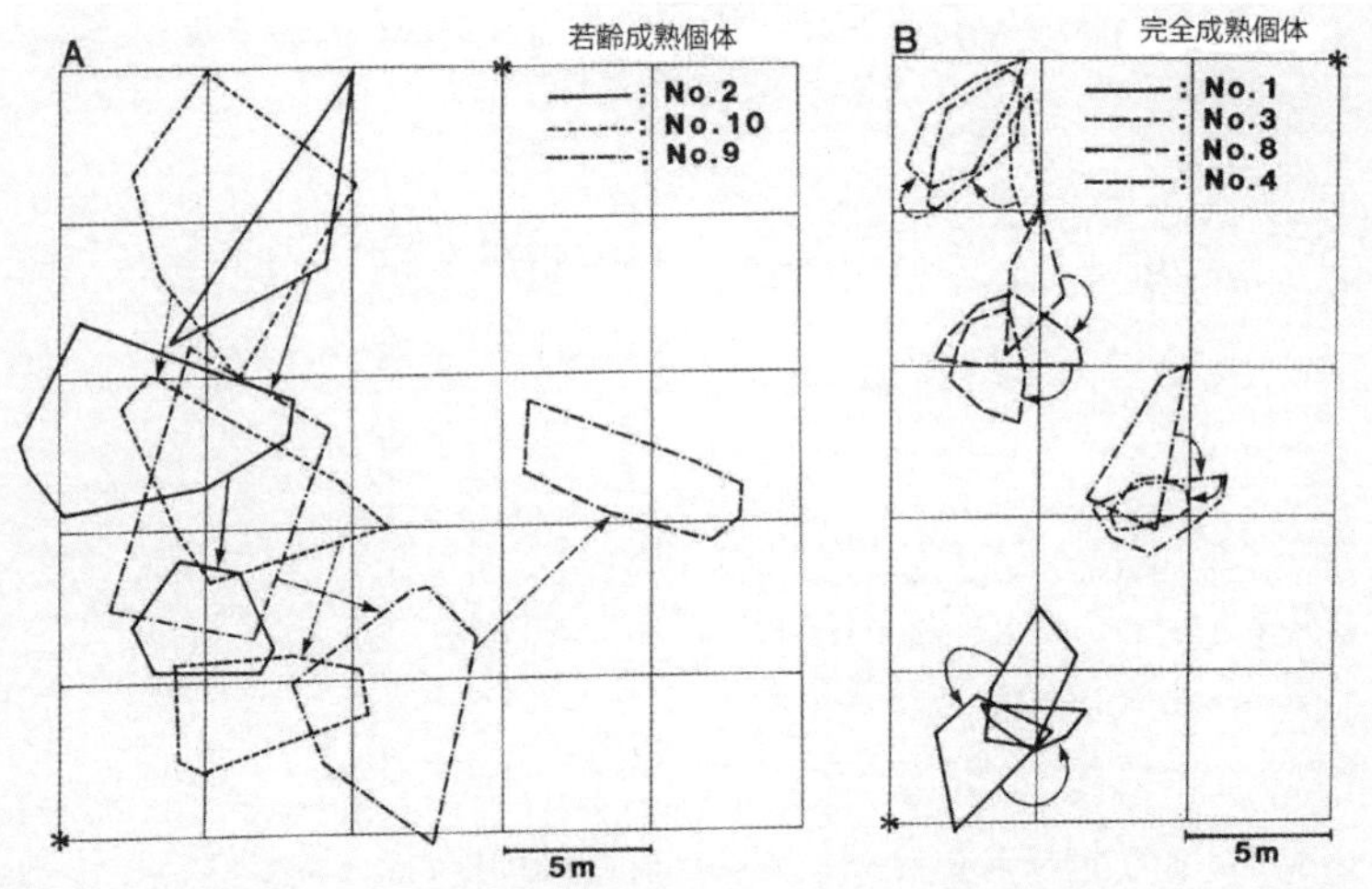

図 19　若齢成熟個体と完全成熟個体のテレメトリーによる行動範囲の差.
個体毎に , 春期→夏期→秋期の行動範囲の違いを示す .
Tomiyama (1993d) より.

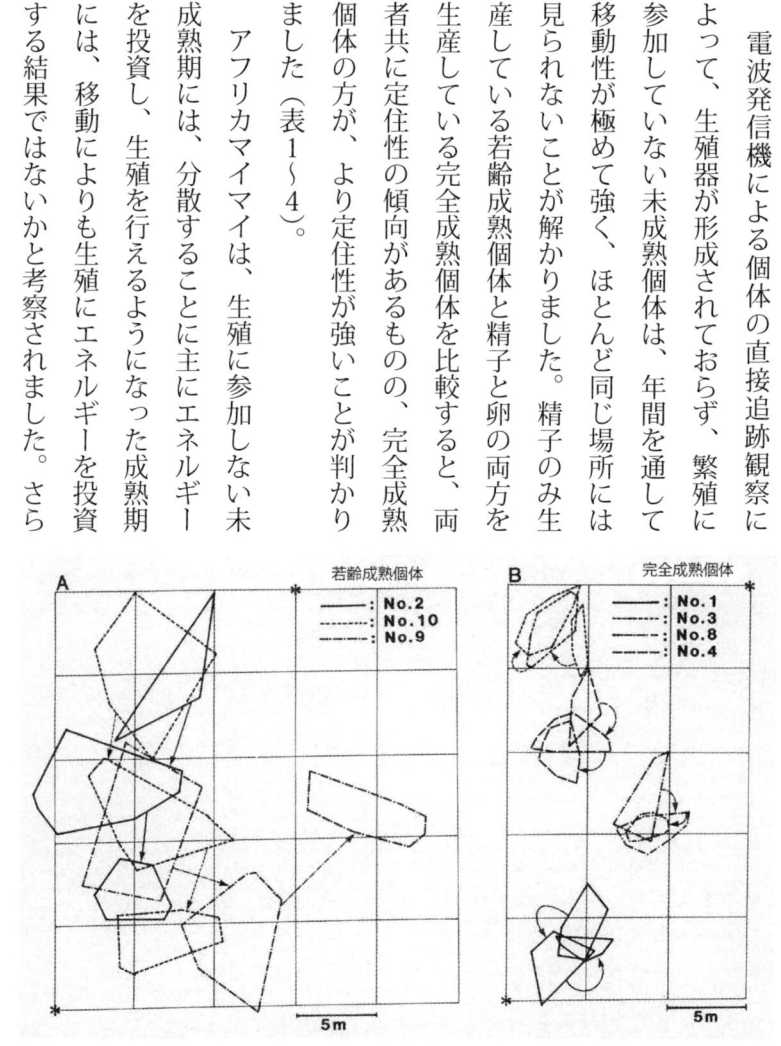

表 1　電波標識実験に使用した個体の初期重量と殻高の季節変化. 幼熟個体が 3 個体，若齢成熟個体が 3 個体，完全成熟個体が 5 個体. Tomiyama (1993d) より.

個体番号	齢級	観察開始時の体重(g)	各観察日時点の殻長(mm)						
			3月19日	5月13日	5月21日	6月18日	8月9日	11月18日	12月9日
1	完全成熟	36.8	63.3	63.3	63.3	63.3	63.3	–	–
3	完全成熟	37.2	60.0	60.0	60.0	60.0	60.0	–	–
4	完全成熟	35.3	60.5	60.5	60.5	60.5	60.5	–	–
8	完全成熟	29.5	–	65.3	65.3	65.3	65.3	65.3	65.3
13	完全成熟	37.3	–	63.2	63.2	63.2	63.2	63.2	63.2
2	若齢成熟	30.7	58.2	61.3	62.1	63.8	64.1	64.5	64.7
9	若齢成熟	31.1	–	57.6	58.5	61.1	62.0	63.0	63.5
10	若齢成熟	27.5	–	56.6	57.1	59.9	60.4	62.1	62.5
5	未成熟	25.1	51.1	53.5	54.6	55.7	57.2	57.6	–
12	未成熟	22.1	]–	50.0	52.3	54.9	55.5	no data	57.8
15	未成熟	21	–	–	–	–	47.1	52.3	53.9

表 2　電波標識個体の観察のスケジュール. 幼熟個体が 3 個体，若齢成熟個体が 3 個体，完全成熟個体が 5 個体. Tomiyama (1993d) より.

個体番号	齢級	観察日												
		3月19日	5月15日	6月18日	6月30日	8月1日	8月4日	8月5日	11月17日	11月22日	11月28日	12月1日	12月8日	12月9日
1	O: 完全成熟	放逐	→	→	→	→	→	→	終了					
2	Y: 若齢成熟	放逐	→	→	→	→	→	→	終了					
3	O: 完全成熟	放逐	→	→	→	→	→	→	終了					
4	Y: 若齢成熟	放逐	→	→	→	→	→	→	終了					
5	J:　未成熟	放逐	→	→	不明	‥‥	‥‥	‥‥	‥‥	再発見				
6	O: 完全成熟		放逐	不明										
7	O: 完全成熟		放逐	不明										
8	O: 完全成熟		放逐	→	→	→	→	→	→	→	→	→	→	終了
9	Y: 若齢成熟		放逐	→	→	→	→	→	→	→	→	→	→	終了
10	Y: 若齢成熟		放逐	→	→	→	→	→	→	→	→	→	→	終了
11	O: 完全成熟			放逐	→	→	→	不明						
12	J:　未成熟			放逐	→	→	→	→	不明	‥‥	再発見			
13	O: 完全成熟		放逐	→	→	→	→	→	→	→	→	→	→	終了
14	Y: 若齢成熟						放逐	→	不明					
15	J:　未成熟						放逐	→	→	→	→	不明	再発見	
16	Y: 若齢成熟						放逐	→	不明					
17	J:　未成熟						放逐	→	不明					

表3　1日あたりの平均移動距離.
幼熟個体が3個体，若齢成熟個体が3個体，完全成熟個体が5個体．Tomiyama (1993d) より.

個体番号	齢級	観察月		
		5月	6月～8月	11月～12月
1	完全成熟	1.66±0.86 (12日間)	1.42±0.54 (14日間)	–
3	完全成熟	2.43±1.06 (12日間)	1.70±1.21 (14日間)	–
4	完全成熟	1.25±0.73 (12日間)	1.91±1.19 (14日間)	–
8	完全成熟	1.51±1.42 (7日間)	1.96±0.57 (14日間)	0.61±0.49 (22日間)
11	完全成熟	–	0.71±0.63 (10日間)	–
13	完全成熟	1.52±0.86 (6日間)	1.00±0.63 (14日間)	0.54±0.51 (22日間)
2	若齢成熟	3.75±2.43 (11日間)	3.77±1.76 (14日間)	–
9	若齢成熟	5.48±1.35 (6日間)	3.61±1.43 (14日間)	2.63±1.73 (22日間)
10	若齢成熟	3.62±162 (6日間)	3.34±1.20 (14日間)	2.44±1.83 (22日間)
5	未成熟	9.21±5.55 (11日間)	8.94±5.41 (5日間)	–
12	未成熟	–	8.22±3.14 (14日間)	–
15	未成熟	–	8.07±2.89 (6日間)	5.50±3.41 (14日間)

表4　アフリカマイマイの一晩の1時間ごとの累積移動距離.
冨山(1993c) より.

齢	平均値±S.D.(cm)	最小値	最大値	標本数
若齢成熟個体	161.0±43.9	68	280	112
完全成熟個体	100.2±33.8	44	180	68

に、精子しか生産できない若齢成熟個体は、交尾相手を求めて活発に行動するのに対し、精子と卵を生産する完全成熟個体は、卵生産のためにさらにエネルギーを節約し、ほとんど動かなくなるのではないかとも推測されました。本種は自家受精ができないため、交尾相手が必要ですが、若齢成熟個体のようには活発に活動する必要が無いのではないかと結論づけられました。

　アフリカマイマイには明確な帰巣行動があります。農業での応用面において、アフリカマイマイの帰巣行動の性質を知ることによって、効果的な防除対策が採れる可能性があります。動物において、帰巣行動、集合行動あるいはなわばり行動などは、それぞれの動物の分布や生息密度を規定する重要な因子です。特に、帰巣行動は、隠れ家や食物、交尾相手といった種々の資源の獲得に関連が深く、その動物の行動や繁殖、個体群動態などに強い影響を与えている場合が多く知られています。数種の有肺類では帰巣性の感覚器が、化学物質受容器によっておこなわれていることが確認されています。ニセコウラナメクジとコウラナメクジは、隠れ家にもどるために、直接這い跡をたどる方法と、空中拡散化学物質を検知する方法の両方を併用しています。アフリカマイマイは自分の摂食物の種類に関して、長期間にわたる記憶を保持していることがわかっており、また、アフリカマイマイでも這い跡たどりが見られることが解明されています。アフリカマイマイは雄性先熟的性表現を示します。すなわち、本種は、亜成熟個体は精子のみ生産し、成長して完全成熟個体になると精子と卵の両方を生産できるようになることがわかっています。このことから、アフリカマイマイは令によって行動様式が異なるであろうことが予測できます。そこで、標識再捕法によって、アフリカマイマイの帰巣能力について調査・実験を行い、令の違いによる帰巣能力の相違を明らかにしました。

その結果、完全成熟個体は強い帰巣性を示したのに対して、若齢成熟個体はほとんど帰巣行動を見せませんでした（図20、表5ab、6、7）。このように、アフリカマイマイの帰巣能力は個体

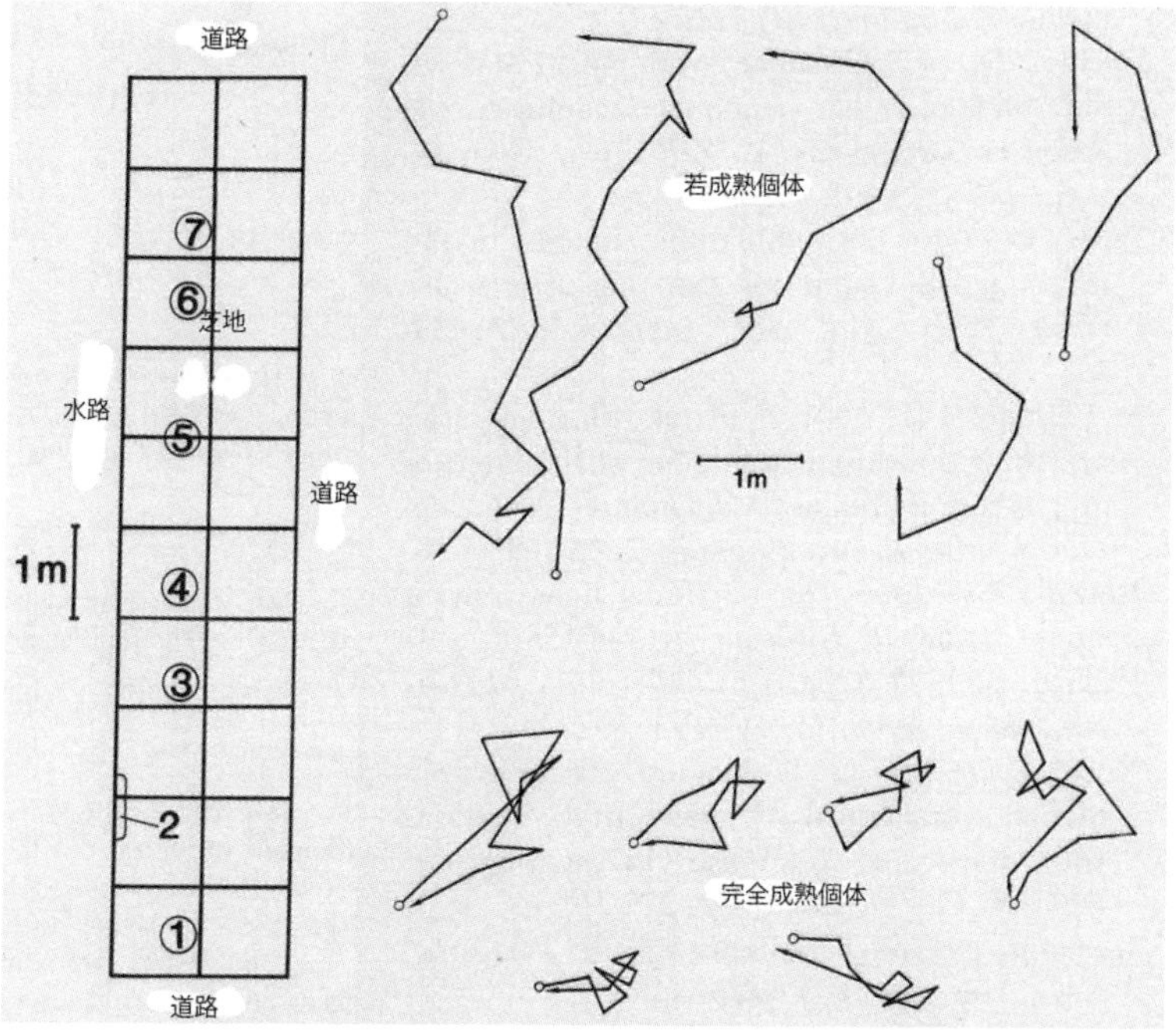

図 20 左：調査区の概略．芝地は路肩にあり，西側を水路，東側と南北側が道路で囲まれている．番号はハイビスカスの植え込みの位置を示す．アフリカマイマイは日中はハイビスカスの根元に集中している．

右：標識個体の夜間の 1 時間ごとの移動軌跡．若齢成熟個体（上）と完全成熟個体（下）の代表的な例を示した．完全成熟個体はすべて元のねぐらに戻っているのに対し，若齢成熟個体は，前日とは異なったねぐらに入った．
Tomiyama (1993b) より．

表5a　アフリカマイマイ若齢成熟個体の12日間のねぐらの移動変化．番号は調査区概略のねぐらの番号を示す．◯で囲まれた番号はその個体が前日のねぐらから移動しなかったことを示す．矢印の付いた番号は，その個体が前日のねぐらから移動したことを示す．－印はその個体が調査区に居なかったことを示し，×印はその個体が調査区外に出たことを示す．Tomiyama (1993b) より．

	日数											
個体番号	1	2	3	4	5	6	7	8	9	10	11	12
48	7	⑦	→6	⑥	→7	⑦	⑦	⑦	⑦	⑦	→4	→6
21	3	③	→4	→3	③	→1	→3	③	→5	→4	→6	→7
41	7	→6	⑥	→7	⑦	→5	→2	→5	→3	→2	②	→3
16	3	→4	④	→7	→5	→6	⑥	→5	→7	→6	→3	→1
14	2	→3	→4	→3	→1	→5	→6	⑥	→5	→4	→6	→5
26	4	→5	→4	④	→3	③	→1	→3	→4	→6	→5	⑤
29	5	→4	→3	→4	→5	→1	→3	→2	→1	→4	→5	⑤
12	2	→1	→2	→5	→6	→3	→5	→4	→6	→7	→2	→1
39	6	→7	→6	→5	→4	→6	→4	→3	→2	→1	→3	→2
45	7	→6	→7	→6	→7	→6	→7	→3	→4	→5	→6	→7
4	1	→3	→2	→1	→2	②	→1	→3	→2	→1	×	
18	3	→1	→3	→2	→3	→5	→7	→6	→4	→6	×	
38	6	→7	→6	→7	→5	→7	→4	→7	→5	→3	×	
36	6	→7	→6	→7	→6	→7	×					
5	1	→3	→2	→1	→2	×						
35	6	→4	→5	⑤	×							
49	7	⑦	⑦	→6	×							
42	7	→6	→4	×								
46	7	→6	→7	×								
30	5	→1	×									
47	7	→6	×									
50	−	7	→4	→1	→5	→3	→4	→3	→1	→6	→7	→4
51	−	5	⑤	→6	→7	→6	→5	→4	→5	→2	→1	→2
56	−	−	6	→3	→6	→4	→3	→1	→3	③	→2	→7
58	−	−	−	6	→4	→7	→6	→7	→6	→7	→6	→5
62	−	−	−	−	6	→4	→3	→7	⑦	→6	→5	→4
63	−	−	−	−	−	7	→5	→4	→2	→2	→1	→3
65	−	−	−	−	−	−	7	⑦	→3	→1	→4	→5
66	−	−	−	−	−	−	−	−	7	→6	→6	→5
67	−	−	−	−	−	−	−	−	6	→4	→5	→4
69	−	−	−	−	−	−	−	−	−	7	→4	→6
71	−	−	−	−	−	−	−	−	−	−	7	→3
72	−	−	−	−	−	−	−	−	−	−	−	6
73	−	−	−	−	−	−	−	−	−	−	−	7
52	−	1	→3	×								
53	−	3	→6	×								
54	−	−	2	→4	→1	×						
55	−	−	7	→5	→3	→2	×					
57	−	−	5	→7	→6	→5	×					
59	−	−	−	7	⑦	→3	→2	→5	→6	×		
60	−	−	−	−	2	→1	→2	→1	×			
61	−	−	−	−	7	⑦	×					
64	−	−	−	−	−	−	6	→2	→7	×		
68	−	−	−	−	−	−	−		7	→6	×	
70	−	−	−	−	−	−	−	−	−	5	→6	×

表5b　アフリカマイマイ完全成熟個体の12日間のねぐらの移動変化．番号は調査区概略のねぐらの番号を示す．◯で囲まれた番号はその個体が前日のねぐらから移動しなかったことを示す．矢印の付いた番号は，その個体が前日のねぐらから移動したことを示す．Tomiyama(1993b) より．

個体番号	1	2	3	4	5	6	7	8	9	10	11	12
2	1	①	①	①	①	①	①	①	①	①	①	①
7	1	①	①	①	①	①	①	①	①	①	①	①
11	2	②	②	②	②	②	②	②	②	②	②	②
13	2	②	②	②	②	②	②	②	②	②	②	②
19	3	③	③	③	③	③	③	③	③	③	③	③
22	4	④	④	④	④	④	④	④	④	④	④	④
23	4	④	④	④	④	④	④	④	④	④	④	④
27	4	④	④	④	④	④	④	④	④	④	④	④
28	5	⑤	⑤	⑤	⑤	⑤	⑤	⑤	⑤	⑤	⑤	⑤
31	5	⑤	⑤	⑤	⑤	⑤	⑤	⑤	⑤	⑤	⑤	⑤
3	1	①	①	①	①	①	①	①	①	①	→2	②
15	3	③	③	③	③	③	③	③	③	③	③	→2
17	3	③	③	③	③	③	③	③	③	③	③	→2
32	6	⑥	⑥	⑥	⑥	⑥	⑥	⑥	⑥	⑥	→7	⑦
40	7	⑦	⑦	⑦	⑦	⑦	⑦	⑦	⑦	⑦	⑦	→6
6	1	①	①	①	①	①	→2	→1	①	①	①	①
8	1	①	→2	②	→1	①	①	①	①	①	①	①
9	1	①	①	①	①	①	①	①	→2	→1	①	①
20	3	③	→1	①	→3	③	③	③	③	③	③	③
33	6	⑥	⑥	⑥	⑥	⑥	⑥	⑥	⑥	→7	→6	⑥
1	1	→2	→1	①	①	①	①	①	①	→2	②	②
10	1	①	→3	③	→1	①	①	→2	②	②	②	②
25	4	④	④	→3	③	→4	→3	③	③	③	③	③
34	6	⑥	→5	→6	⑥	⑥	⑥	⑥	⑥	→7	⑦	⑦
43	7	⑦	⑦	⑦	→6	⑥	⑥	→7	⑦	⑦	⑦	→6
24	4	④	→5	⑤	⑤	→4	→5	⑤	→4	④	④	④
37	6	→7	⑦	→6	⑥	⑥	→7	⑦	⑦	→6	⑥	⑥
44	7	⑦	→6	→7	⑦	⑦	⑦	→6	⑥	→7	⑦	⑦

表6　アフリカマイマイの齢別のVDS-値．冨山 (1993c) より．

齢	平均値±S.D.(cm)	最小値	最大値	標本数
若齢成熟個体	0.893±0.185	0.188	1	28
完全成熟個体	0.137±0.128	0	0.364	34

表7　ねぐらの移動実験の結果．上段が強制移動をした実験区．下段が移動を行わなかった対照区．番号はそれぞれ調査区図のねぐらの番号を示す．○で囲まれた番号はその個体が前日のねぐらから移動しなかったことを示す．矢印の付いた番号は，その個体が前日のねぐらから移動したことを示す．⇒の付いた番号はその日に強制移動させる前のねぐらにもどった事を示す．Tomiyama (1993b) より．

	実験開始からの日数								
	1	2	3	4	5	6	7	8	9
個体番号									
実験グループ；ねぐらを強制的に別のねぐらに移動させたグループ									
6	①	3	→2	⇒1	①	①	①	①	①
8	①	3	→4	→3	③	⇒1	①	①	①
20	③	1	①	①	①	①	⇒3	③	③
24	④	5	⇒4	④	④	④	④	④	④
25	③	1	①	⇒3	③	③	③	③	③
27	④	5	⑤	⑤	⇒4	④	④	④	④
31	⑤	4	→3	→4	④	④	④	④	④
		↑							
		この時点で元のねぐらから別のねぐらに移動させた							
対照区グループ；ねぐらの強制移動を行わなかったグループ									
2	①	①	①	①	①	①	①	①	①
7	①	①	①	①	①	①	①	①	①
9	①	①	①	①	①	→2	→1	①	①
19	③	③	③	③	③	③	③	③	③
22	④	④	④	④	④	④	④	④	④
23	④	④	④	④	④	④	④	④	④
28	⑤	⑤	⑤	⑤	⑤	⑤	⑤	⑤	⑤

の齢に関係しているようです。似たような現象は、ニセコウラナメクジでも観察されています。ニセコウラナメクジでは、若い小さな個体に比べて、年をとった大きな個体は、より強い帰巣行動を示します。アフリカマイマイが示す帰巣性の齢級による違いは、本種の繁殖様式に関連性があるように思えます。アフリカマイマイは雄性先熟的性表現を示します。すなわち、若齢成熟個体は精子のみしか生産できないのに対して、完全成熟個体は卵と精子の両方を生産できます。つまり、若齢成熟個体は、雄としての性機能しか保持して

おらず、自分の繁殖成功度を上げるためには、産卵能力のある他個体と交尾して、自分の精子を相手の卵に受精させなければならないことを意味しています。若齢成熟個体は、多くの交尾相手を捜すために広範囲を移動する必要性があるわけです。一方、完全成熟個体は卵生産ができるために、精子での繁殖投資を高めるため交尾相手を捜すためだけであまり動き回る必要はありません。むしろ、動きまわるエネルギーを卵生産の方にふりむけて、交尾相手がやってくるのを待っていた方が有利であるでしょう。完全成熟個体に強く見られる帰巣性は、卵生産が確実に行えるように、安全な場所を確保する行動を意味している可能性もあります。いずれにせよ、アフリカマイマイの繁殖様式と移動行動の関連性について、より詳しい研究が求められます。

Ⅶ　アフリカマイマイの基礎生活スタイル

アフリカマイマイは、基本的に植物食です。小笠原諸島の観察例でも、基本的に植物を主に食べています（沼沢・小谷野 一九八六 b）。本種は、強力なセルロース分解酵素（セルラーゼ）を持っていることから、植物を消化分解する能力に優れていると言えます。しかし、ゴミ溜めに群がって、何でも食べる傾向も強いようです。腐った草や葉も食べています。国外では、車に踏みつぶされたトカゲやネズミの屍体を食べていたという報告もあります。基本型は植物食ですが、死んだ動物も食べる雑食性も備えていると言ってよいでしょう。

一九三〇年代に日本本土に持ち込まれたアフリカマイマイは、越冬できずに死滅してしまいました。霜のおりる気温（四度程度以下）にまで冬場に気温が下がる地域では冬越しできないとされています（富山 二〇〇二a）。霜が氷結する気温は正確には〇度ですが、周辺気温が四度前後であれば、部分的に〇度を下回る部分もでてくるという目安の気温です。氷点下にならないと水は凍結しません。それが、何故に降霜温度が四度と言われているかというと、気温は通常は地表面から約一mの位置で計測します。その位置で四度を記録すると、地表面などは部分的に〇度を下回っていることが多いのです。従って「気温約四度で霜が降りる」と言い慣わされてきたようです。アフリカマイマイは恐らく、〇度以下の凍結温度では生き残れないのだと思われます。

アフリカマイマイの休眠にかんしてよく質問を受けることがあります。ここで「休眠dormancy」という言葉の定義をしておかないと、議論が咬み合わず、あらぬ誤解が生じてしまうかもしれません。昆虫でいう「休眠」とは通常は diapause のことを指します。これは狭義の意味での「休眠」で昆虫によくみられる特殊な「休眠」現象です。Diapause とは、教科書的には、日長や気温の変化が引き金になって、将来の気候変化を予測して代謝活動が低下し、一定の期間を過ぎないと代謝活動が再開されない休眠をさします。すなわち、急に好適な環境になっても休眠状態が解かれません。アフリカマイマイには diapause 型の休眠はありません。アフリカマイマイの休眠は、乾燥や気温の低下などの環境条件の変化に応じて活動を停止する休眠で、気候変化の予測などという器用なことはしていないと思われます。アフリカマイマイの休眠には、乾燥による夏眠 aestivation と、気温低下による冬眠 hibernation がありますが、基本的にはどちらも活動の停止（quiescence）です。したがって、アフリカマイマイの休眠は、昆虫の休眠とは異なり、環境が回復すればいつでも活動状態に入ることができます。

アフリカマイマイの夏眠や休眠は、小笠原諸島父島での事例が詳しく報告されています。本種の活動期は四～一一月であり、一二～三月は休眠している事例が多いようです。七～八月の乾燥期には夏眠している個体も多く見かけられます。アフリカマイマイの夏眠や冬眠の傾向は奄美群島でも同様ですが、夏眠中の個体であっても、降雨によって湿度が高まると、数分以内に活動を開始できます。アフリカマイマイ科の各種が休眠する場合は、殻口にカルシウム分の多い厚い膜を張ることで知られており、他の陸産貝類に比べ非常に厚い近縁種の *Achatina achatina* が、やはり長期間の乾燥休眠を行います。アフリカマイマイは乾燥には非常に強いデンデンムシです。乾燥状態で、殻口に石灰質の膜を張って、一年以上、じっとしていたという記録もあります。原産地が東アフリカのサバンナ地帯であるため、乾燥気候に対する適応の結果だと思われます。日本産のマイマイ属は、乾燥休眠は、三ヶ月程度が限界で、それ以上経つと死亡してしまいます。

Ⅷ　アフリカマイマイの成長と成熟について

アフリカマイマイの生長と成熟様式はどのようなものなのでしょうか。アフリカマイマイは雄性先熟という生殖器官の成熟様式をとります。アフリカマイマイを含む有肺類は雌雄同体で、精子と卵を同時に生産できます。しかし、成長の過程で、生殖器が形成された直後の若齢の個体は、精子しか生産できず、卵を生産していません。齢が進んで、完全に成熟すると精子と卵の両方を生産できるようになります。このように、雄性の成熟が先に生じる成熟様式を雄性先熟の成熟様式と呼んでいます。

図21は、アフリカマイマイの生殖器のスケッチです。両生線という器官には、卵原細胞と精原細胞がモザイク状に見られ、そこで、卵子と精子が同所的に生産され、両性管を通って生殖孔に運ばれます。輸精管を伝った精子はペニスから相手個体のヴァジャイナに注入されます。アフリカマイマイは精包を形成せず、精子は、液体の精液の形で相手に渡されます。精子は子宮で卵子

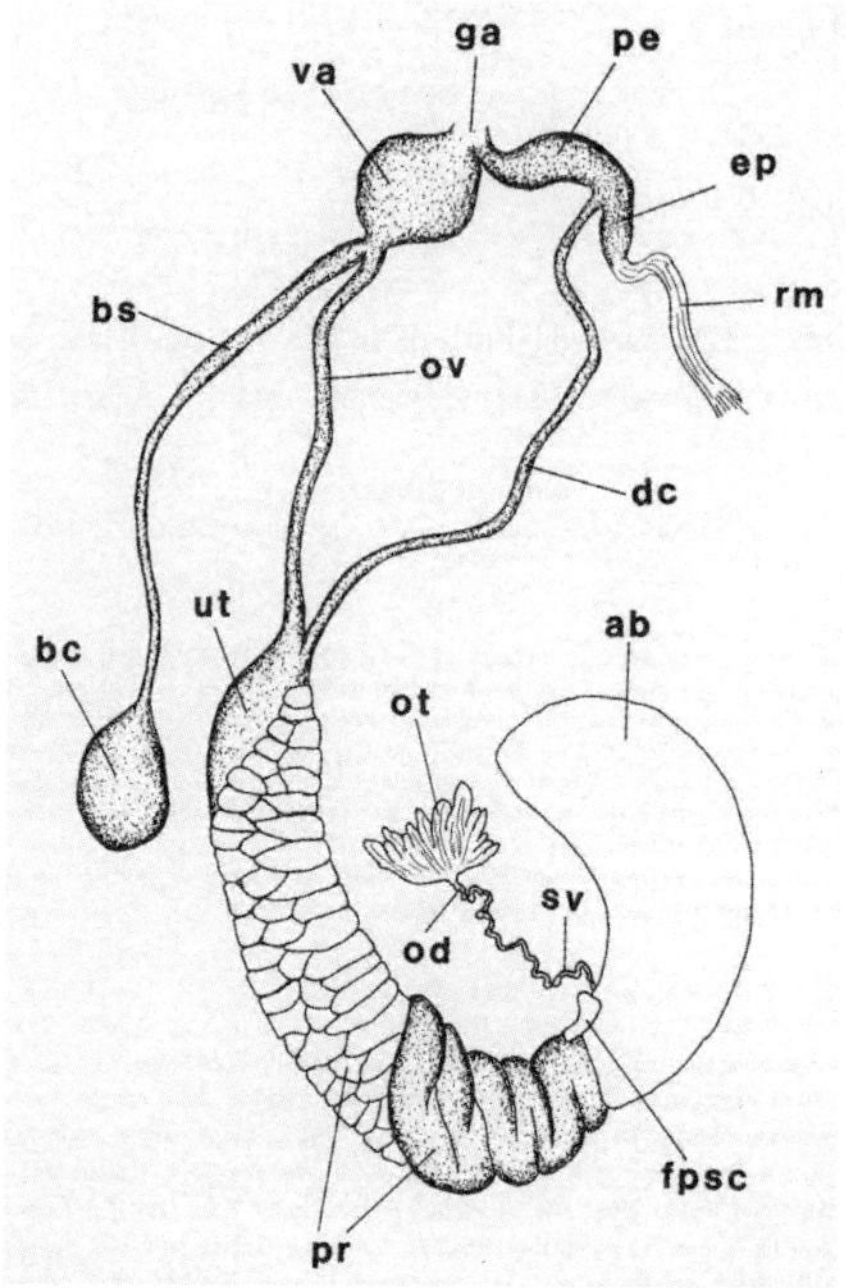

図 21 アフリカマイマイの生殖器官の模式図．ab: protein gland（タンパク腺），bc: bursa copulatrix（交尾嚢），bs: bursa stalk（交尾嚢柄部），dc: duct of vas deferens（輸精管），ep: epiphallus（上陰茎），fpsc: fertilization pouch-spermatheca complex（貯精器官），ga: genital atrium（生殖孔），od: ovotestis duct（両性輸管），ot: ovotestis（両性腺），ov: oviduct（輸卵管），pe: penis（ペニス），pr: prostate（粘液腺），rm: peninal retractor muscle（陰茎牽引筋），sv: seminal vesicle（精嚢），ut: uterus（子宮），va: vagina（膣）．Tomiyama (1993a) より．

と受精します。受精卵は、タンパク腺に溜め込まれたタンパク質を使って、子宮の中で卵を形成します。受精に使われなかった精液の大半は交尾嚢に運ばれ、ここで消化され栄養分となります。卵は輸卵管を伝って生殖孔から体外に産み落とされます。

図22は、卵生産の材料を蓄積する器官であるタンパク腺の重量と殻の大きさの関係です。タン

パク腺の発達した個体は、卵を生産する態勢にある個体だとみなすことができます。若齢成熟個体は、殻の大きさに関わらず、卵を生産できていないことがわかります。完全成熟個体は、タンパク腺が十分に発達した個体と、発達していない個体の差が極端ですが、これは、アフリカマイマイの産卵が一週間~十日間の周期で行われ、産卵直後はタンパク腺が萎縮して小さくなってしまう状態を反映しているものと思われます。また、殻の大きな個体は、タンパク腺の発達が悪くなる傾向が見られ、老齢個体は、卵生産が悪くなることがわかります。

アフリカマイマイは、交尾した後、交尾嚢という器官に余った精液を溜め込んで消化し

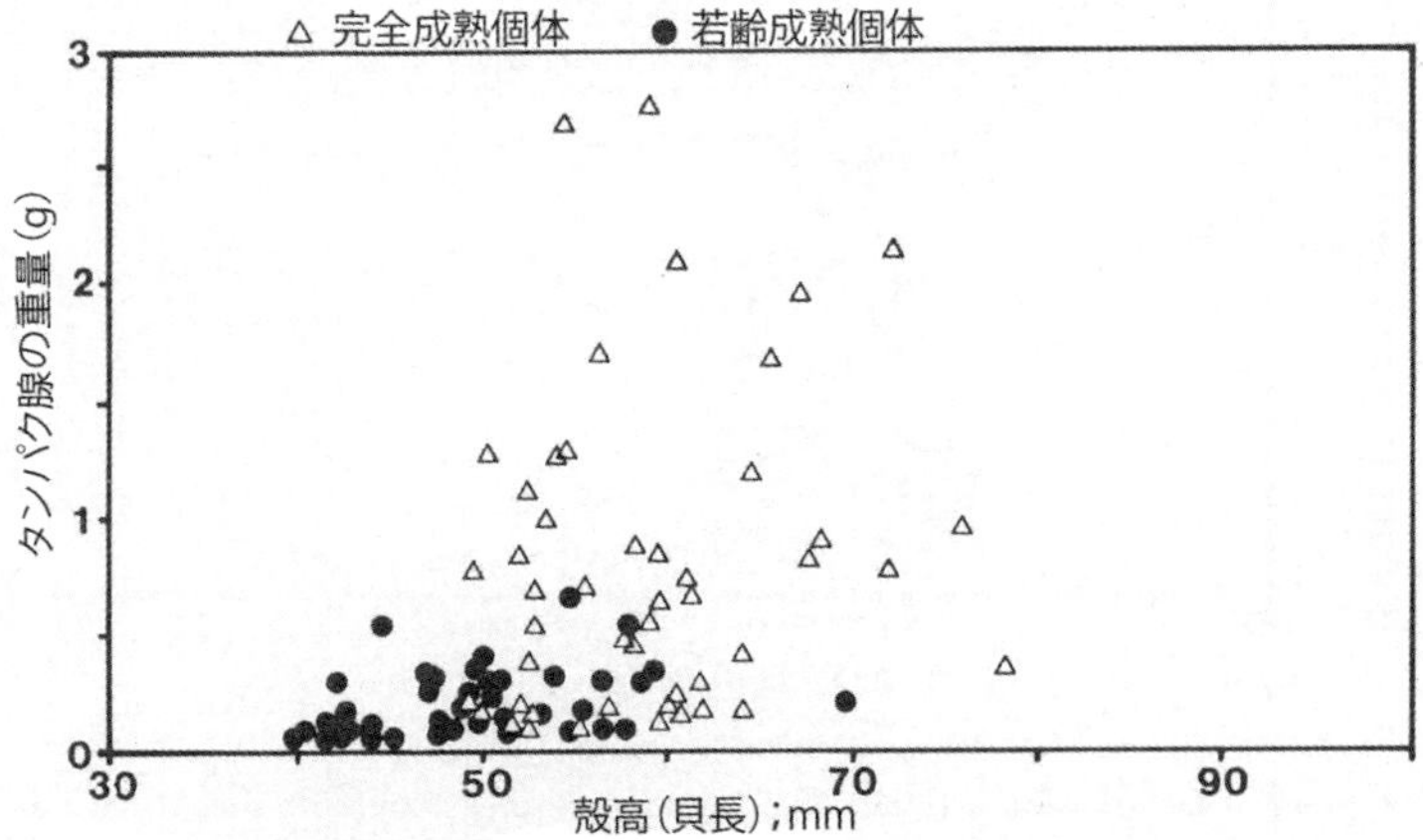

図 22　交尾観察個体の殻高とタンパク腺重量との関係.
△:完全成熟個体, ●:若齢成熟個体. Tomiyama (1993a) より.

てしまうことが知られています。このため、交尾の経験のある個体は、交尾嚢の中に精液残存物があって、大きく膨らんで重くなります。交尾直後の個体ほど交尾嚢は大きく膨らみます。交尾の経験の無い個体は、交尾嚢の中が中空か、もしくは、交尾嚢が非常に小さい状態のままです。図23は、殻高サイズと交尾嚢重量の関係を示すものです。若齢個体の交尾嚢は大きく膨らんだものもあり、完全個体の交尾嚢の重量と統計検定しても有意差がありません。このことは、若齢成熟個体は、卵生産の能力が無いにも関わらず、交尾には参加しており、相手個体から精子を受け取っていることを意味しています。当然のことながら、若齢成熟個体が受け取った精子は、卵の受精に使われることはなく、すべて

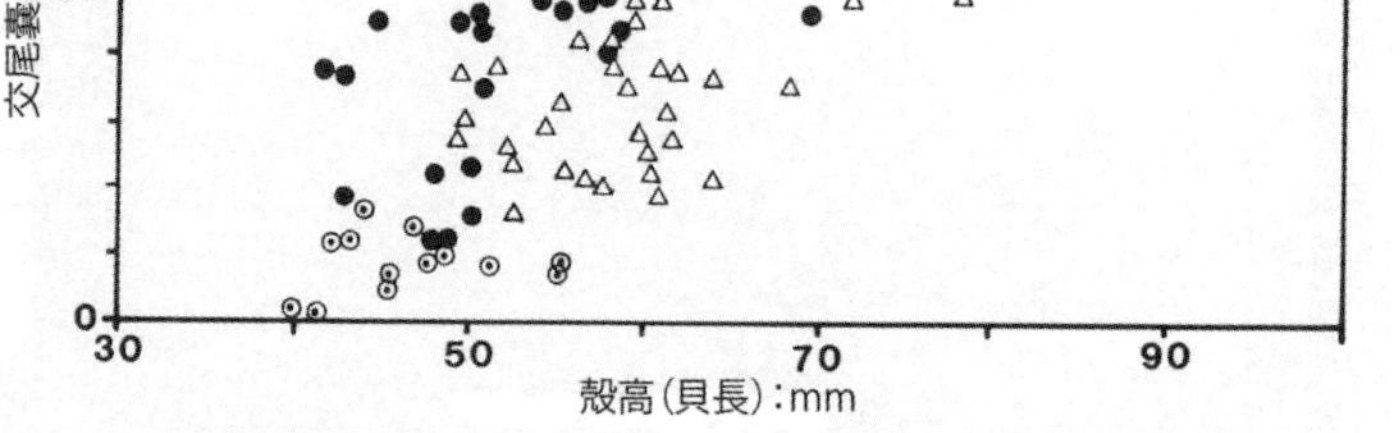

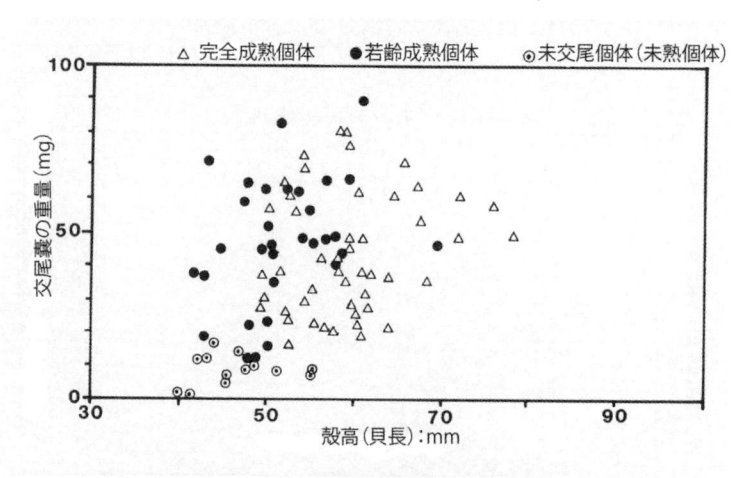

図 23　解剖観察個体の殻高と交尾嚢重量との関係.
△：完全成熟個体, ●：若齢成熟個体, ◎：若齢個体の中で交尾嚢が中空だった個体. Tomiyama (1993a) より.

消化されてしまうと推定されます。また、若齢成熟個体の中で、交尾嚢の重量が非常に軽い個体は、すべて、交尾経験の無いバージン個体と推定されています。

図24は、完全成熟個体の中で、蔵卵中の個体、タンパク腺重量が六五〇mg以上によく発達した卵生産直前の個体、タンパク腺重量が六五〇mg未満でしばらくは卵生産を行わない個体の三カテゴリー間で、交尾嚢の重量を比較した図です。蔵卵個体とタンパク腺の発達した個体は、タンパク腺萎縮個体よりも交尾嚢重量が有意に小さいのです。この結果、完全成熟個体は、タンパク腺が萎縮した時期に盛んに交尾を行って、精子を獲得しており、産卵態勢にある個体や蔵卵中の個体はあまり

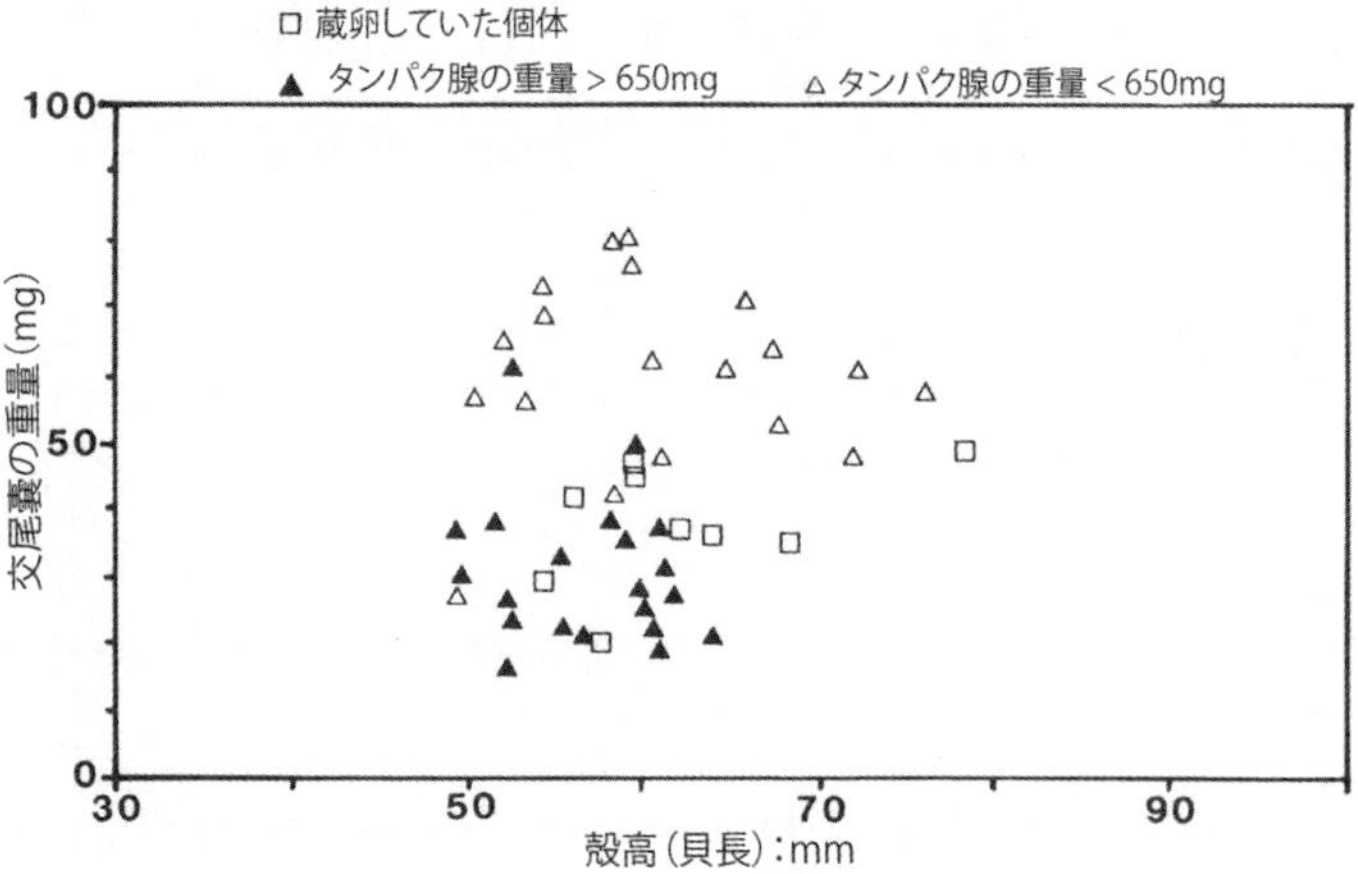

図24　解剖観察個体のうち完全成熟個体の殻高と交尾嚢重量との関係.
△：タンパク腺重量が 650mg 未満の個体，□：タンパク腺重量が 650mg 以上の個体，▲：蔵卵中の個体.
Tomiyama (1993a) より.

交尾を行っていない、ということがわかります。

アフリカマイマイはどのように殻が成長するのでしょうか。小笠原諸島父島での事例では、本種の殻高成長は、一年齢で二十五㎜前後、二年齢で四〇㎜前後、三年齢で五〇㎜前後、三年齢になると成熟し、産卵を始めます。父島の大村において、マーキングした個体を追跡調査し、殻高が五十五～六〇㎜に達すると殻の成長を停止してしまいます。与論島や奄美大島でも、殻高は五〇～七〇㎜程度までは急速に殻が成長しますが、殻高六〇㎜を越える個体になると殻の成長がほとんど停止してしまいます。インドでは、本種の生息密度が高くなると成熟サイズが小さくなる傾向が示されています。

通常のデンデンムシは、成熟して繁殖を始めると、同時に殻の成長が停止して、殻口が肥厚するため、成熟個体と幼貝の区別は容易です。アフリカマイマイは、生殖腺が発達し交尾するようになっても殻の成長が続きます。アフリカマイマイは、生殖器を形成して殻が成長中の個体は、交尾の際に、精子を相手個体に供給する雄的個体として行動します。このため、アフリカマイマイは雄性先熟の成熟様式を持つとされています。アフリカマイマイも、他の陸産貝類と同様に、産卵を開始し始めると、殻の成長はおおむね停止します。しかし、産卵個体でも殻が成長し続ける個体も存在します。アフリカマイマイの場合、解剖して生殖器が形成されていれば成貝とみなします。殻の大きさだけでは、幼貝と成貝の区別がつかないのです。成貝か幼貝かは、解剖してみなければ正確には分かりません。

多くの有肺類は、成熟すると殻の生長が停止して、殻口が反転し、外唇部にカルシウム分が沈着して肥厚します。生殖器の形成も殻口反転とほぼ同時に行われます。一般に有肺類では殻口反転が性成熟の指標となっています。アフリカマイマイの場合、殻口反転は見られません。また本種は生殖器が形成された後もしばらくは殻が生長します。生殖器形成後約三~六ヶ月後に殻の生長は停止します。本種は、殻が生長中

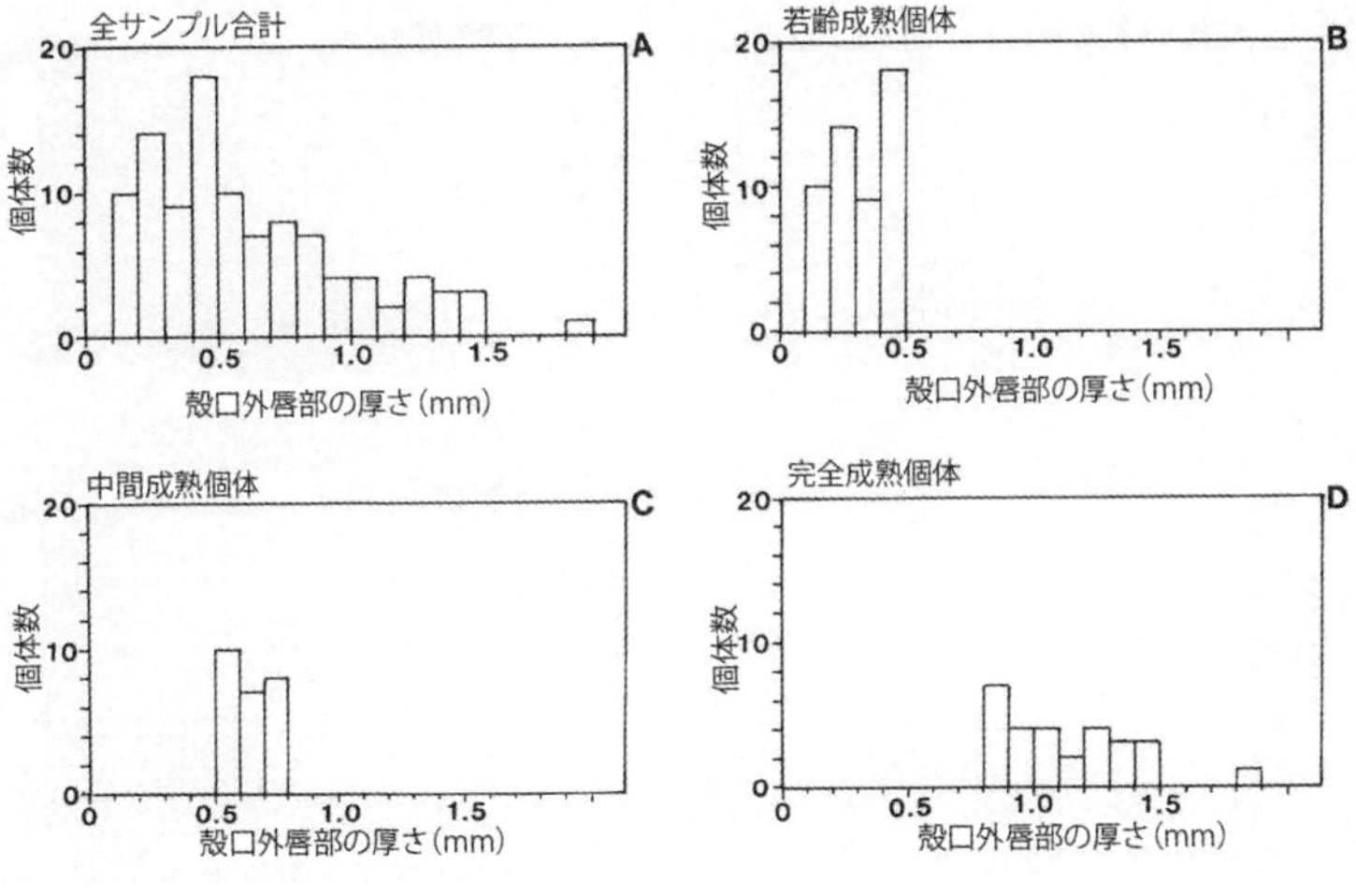

図 25　調査地区におけるアフリカマイマイの殻口の厚さの頻度分布. 4cm を越える個体を , 殻口外唇部の厚さで、若齢成熟個体 , 中間成熟個体 , 完全成熟個体に機械的に分けた.　A：全サンプル ,B: 若齢成熟個体 ,C：中間全成個体 ,D: 完全成熟個体. Tomiyama (1993a) より.

の個体は、殻口外唇部が薄質ですが、成熟が十分に完了して殻の生長が停止すると、殻口外唇部にカルシウムが沈着し、殻口外唇部が肥厚してきます。しかし、典型的な殻口外唇の反転肥厚は観察されません。このため、殻口外唇部の厚さを、その個体の殻の生長が停止しているか否かを調べる指標として用いることができます（図25）。アフリカマイマイが生殖器を形成する殻のサイズは、生息環境によって変化しますが、小笠原諸島や奄美群島では、殻高が約四cmになると生殖器形成を始めることが解っています。図27の写真は、上

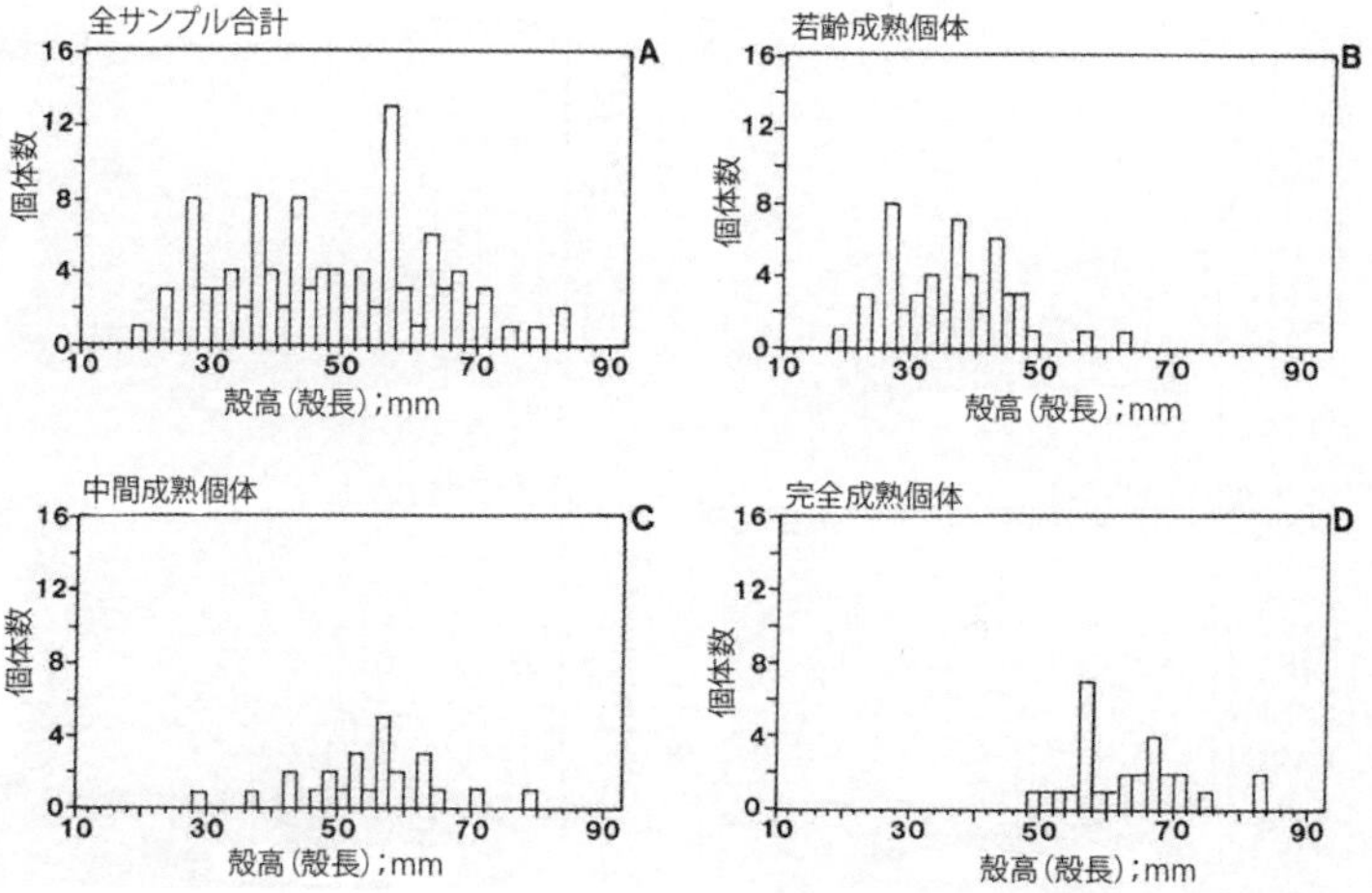

図 26　調査地区におけるアフリカマイマイの観察開始時の殻高の頻度分布．4cm を越える個体を , 殻口外唇部の厚さで , 若齢成熟個体 , 中間成熟個体 , 完全成熟個体に機械的に分けた．A：全サンプル ,B: 若齢成熟個体 ,C：中間成熟個体 ,D: 完全成熟個体．Tomiyama (1993a) より．

段が若齢成熟個体、下段が完全成熟個体の殻です。殻口外唇部は、若齢成熟個体の方が非常に薄いことが解ります。殻の縦サイズと横サイズの比率も、若齢成熟個体はずん胴型で、完全成熟個体はより細長い形態をしています。この差は、正確な統計検定でも明らかで、アフリカマイマイの縦方向と横方向の相対生長率が異なっているために観察される現象です。

　実際に、アフリカマイマイを用いて、野外において四cmを越える個体を用いて、殻の生長の観察を行いました。調査区のアフリカマイマイには、殻の表面に識別番号を削り込んでマーキングし、実験修了時までに継続観察できた個体のみをサンプルとして使用しました。まず、図27のように調査区のアフリカマイマイを、殻口外唇部の厚さで、若齢成

図27　アフリカマイマイの若齢成熟個体（上段2個体）と完全成熟個体（下段2個体）；小笠原父島産；1988年採集.

熟個体、中間成熟個体、完全成熟個体に機械的に分けました。これら三カテゴリーの殻高頻度分布は図26に示す通りでした。三カテゴリー間で殻高サイズには重複が見られました。図28は、実験終了後の三カテゴリーの殻高頻度分布です。そのカテゴリーも殻高の生長が認められましたが、若齢成熟個体の生長が著しいことがわかります。図29は月あたりの成長率を%値で表した場合の、三カテゴリーでの頻度分布です。若齢成熟個体の殻の成長率が大きく、完全成熟個体は殻がほとんど生長していないことがわかります。図30は、殻高と成長率との関係を示します。図31は、殻口外唇部の厚さと成長率との関係を示します。これらの観察の結果、殻高が小さくて殻高外

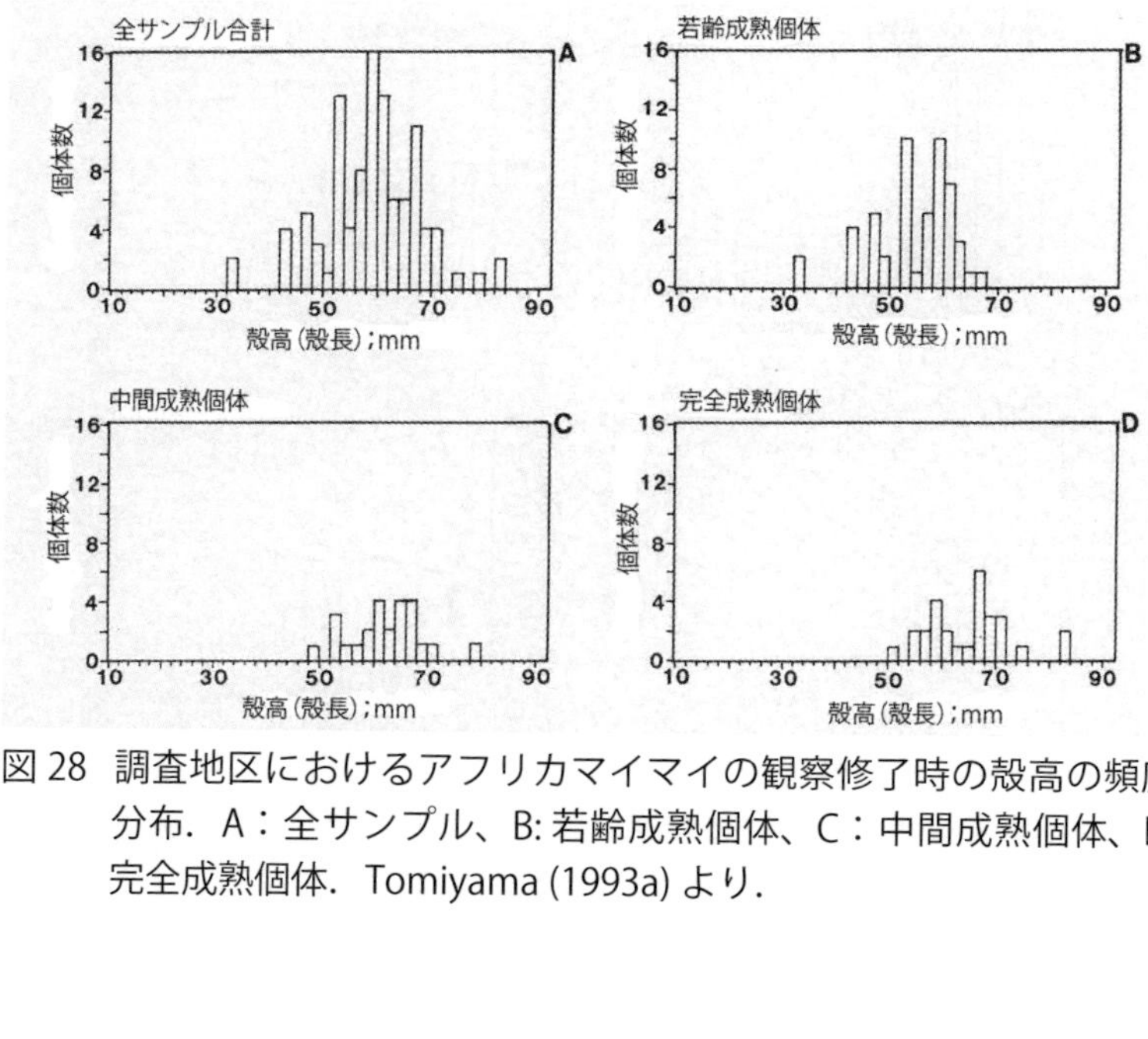

図 28　調査地区におけるアフリカマイマイの観察修了時の殻高の頻度分布．A：全サンプル、B: 若齢成熟個体、C：中間成熟個体、D: 完全成熟個体．Tomiyama (1993a) より．

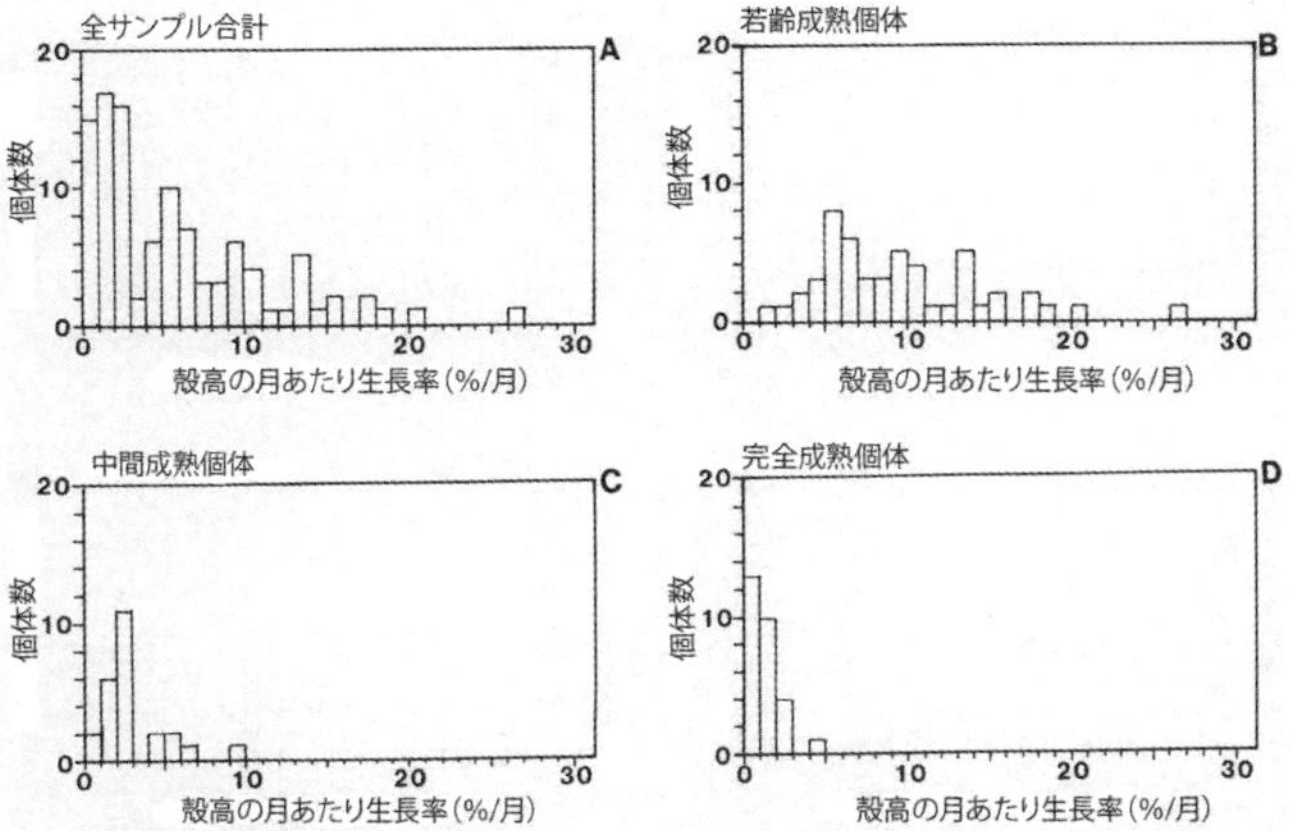

図 29　調査地区におけるアフリカマイマイの観察修了時までの，生長観察個体の月あたりの成長率の頻度分布．A：全サンプル ,B: 若齢成熟個体 ,C：中間成熟個体 ,D: 完全成熟個体．Tomiyama (1993a) より．

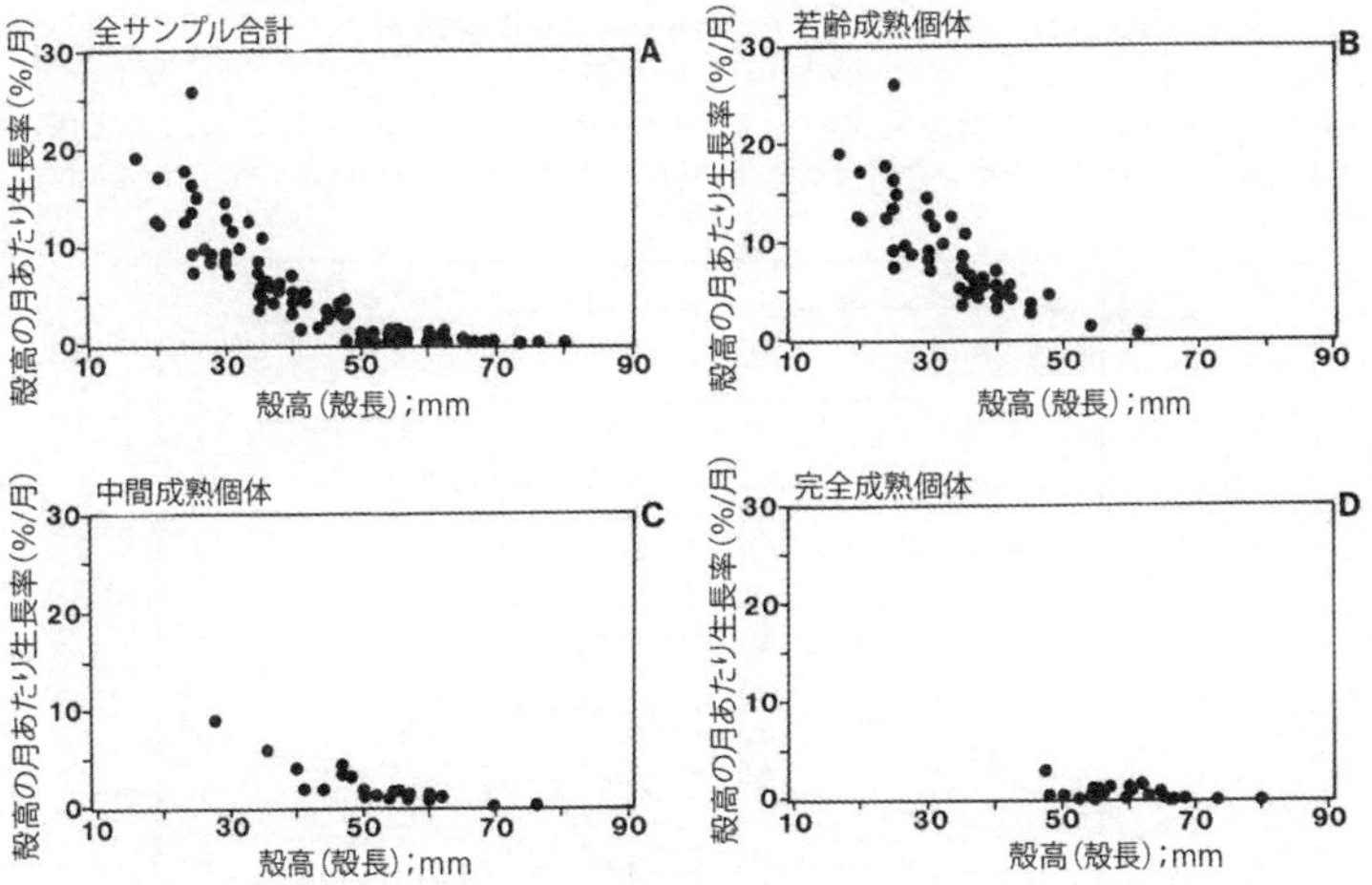

図 30　生長観察個体の実験開始時の殻高と成長率との関係．A：全サンプル ,B: 若齢成熟個体 ,C：中間成熟個体 ,D: 完全成熟個体．Tomiyama (1993a) より．

唇部の薄い若齢成熟個体は盛んに殻が生長しており、殻高が大きくて殻高外唇部の厚い完全成熟個体は、殻の生長がほぼ停止していることがわかります。図32は、横軸に時間、縦軸に殻高をとった場合、三カテゴリーの代表的な個体の殻高生長の経時変化を示したグラフです。若齢成熟個体が殻高の生長著しいのに対し、完全成熟個体は、殻高の生長がほぼ停止しています。その個体が完全成熟個体である場合、殻高が小さいからといって、殻が生長する訳では無いことを端的に示しています。

　アフリカマイマイの寿命は、飼育条件下では、十年以上生きた事例がありますが、あくまで、生息条件が良ければそれくらい生きることができるという事例であって、例外的だと思われま

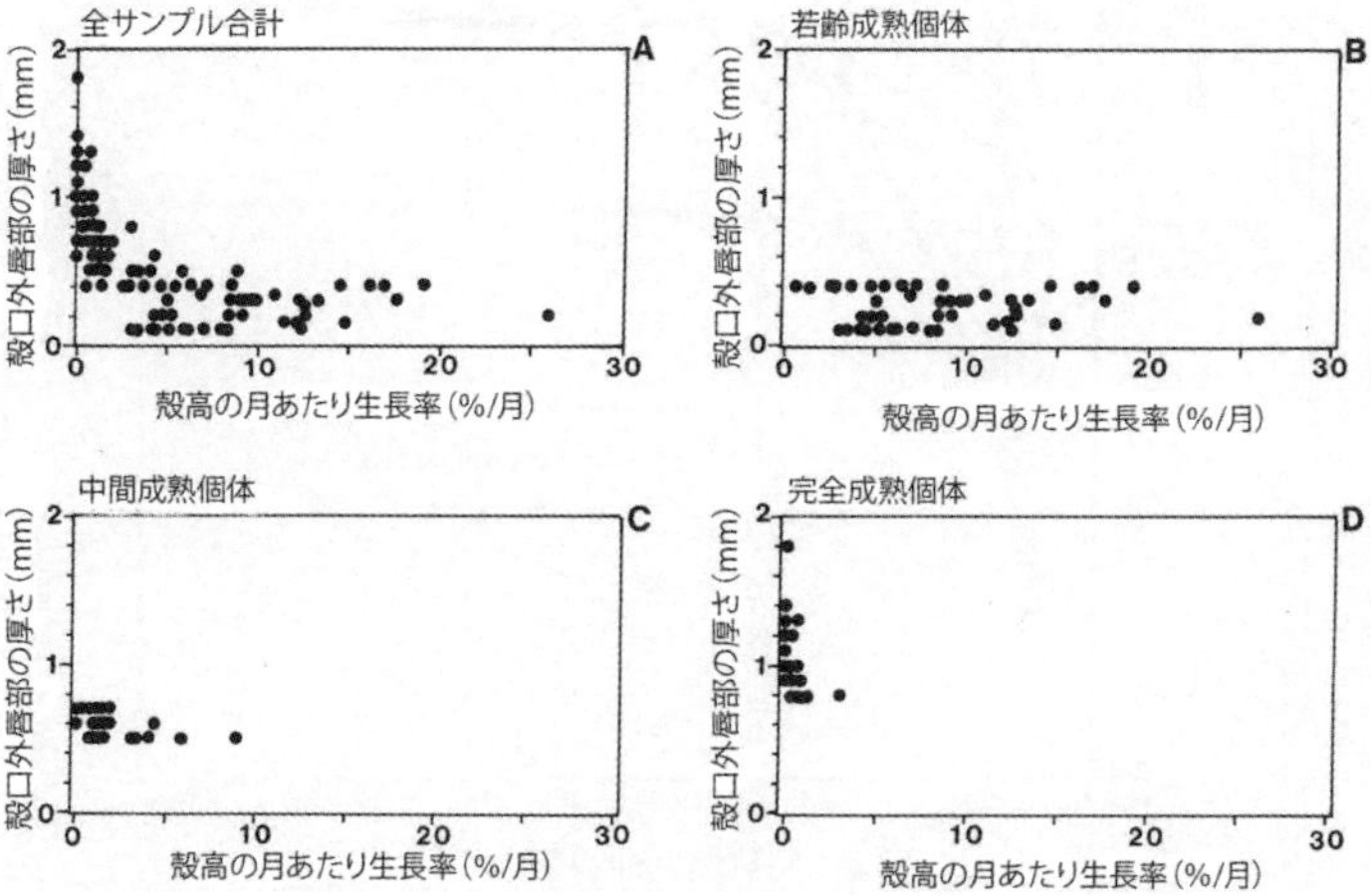

図 31　生長観察個体の成長率と殻口外唇部の厚さとの関係.
A：全サンプル. B: 若齢成熟個体. C：中間成熟個体. D: 完全成熟個体. Tomiyama (1993a) より.

す。冬越しできる環境下での野外では三～四年程度の寿命と思われます。大半の個体は二年以内で死亡しています。小笠原諸島父島の事例では、稚貝の死亡率はかなり高く、夏の間に新たな稚貝が孵化し、生息密度が非常に高まりますが、九月まで生存率は約十％程度です。

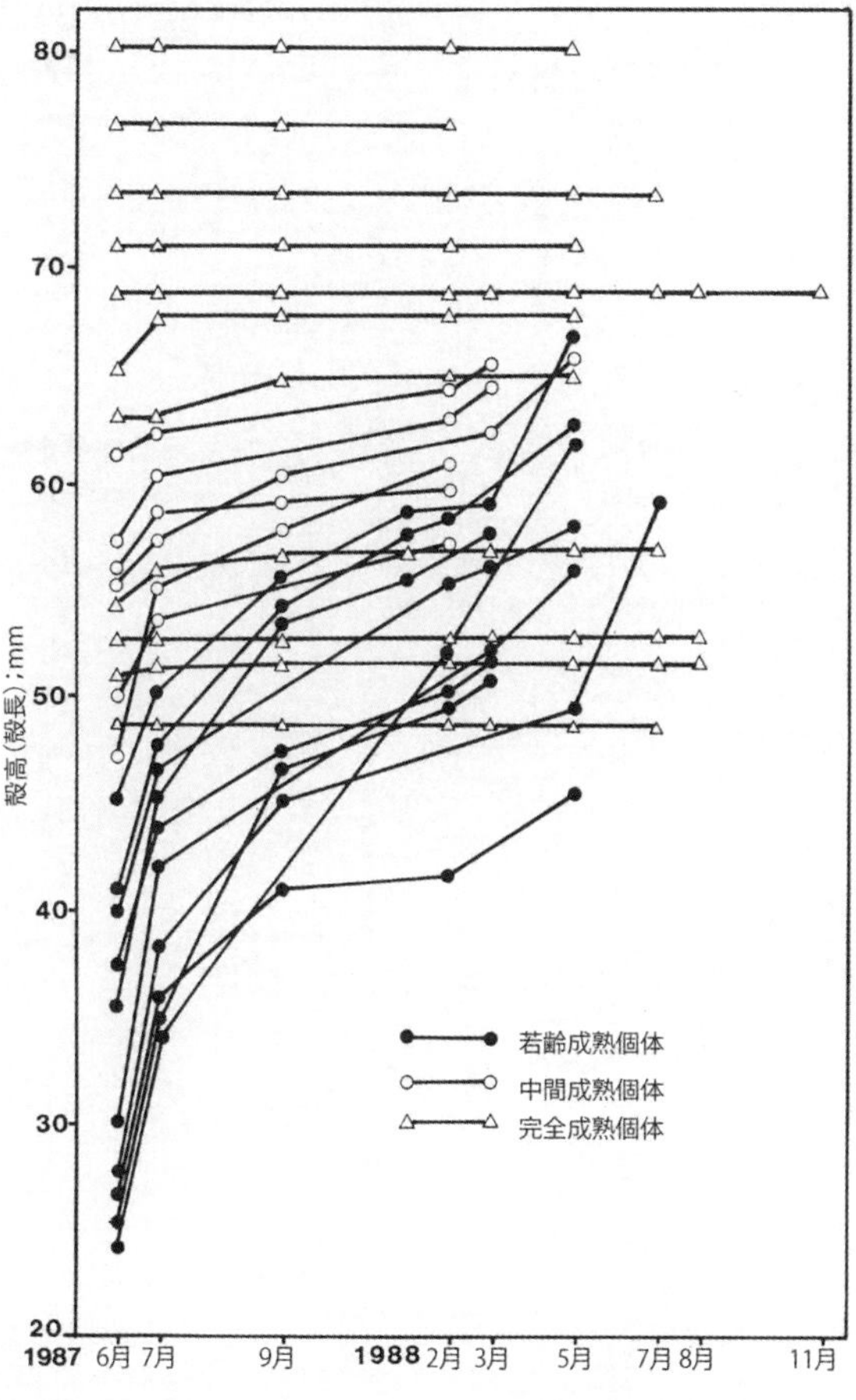

図 32　生長観察個体の殻高生長の個体別生長パターン.
●：若齢成熟個体，△：中間成熟個体，○：完全成熟個体.
Tomiyama (1993a) より.

IX　アフリカマイマイの繁殖生態について

アフリカマイマイは雌雄同体で、雄と雌の役割を一個体で持っています。しかし、雌雄同体ではあるものの、他個体と交尾をし、互いに精子を交換することが必要で、自家受精はしません。繁殖には二個体以上の成熟個体が必要です。したがって、未成熟個体が一個体だけ侵入しても繁殖はできません。一九六〇年代までの論文で「自家受精する」という間違った考察があり、それを引用した参考書で「自家受精ができる」という間違った記述があるため注意が必要です。一九五〇年代の論文は、親貝を隔離飼育して産卵した事実から自家受精すると勘違いした飼育実験に基づいています。アフリカマイマイは、交尾の後、産卵せずに長期間、精子を保持することができます。一九七〇年代に、幼貝から隔離飼育した厳密な実験の結果、アフリカマイマイは自家受精しないという結論になっています。一九六〇年代の「アフリカマイマイは自家受精できる」という古い文献の間違った記述を根拠にして、「アフリカマイマイは自家受精するので一個体でも繁殖する」という間違った記述をした農学の教科書もあるので注意を必要とします。幼貝が一匹持ち込まれただけでは繁殖できませんが、成貝の場合、上記のように、長期間、精子を保持できるため、持ち込まれる前に交尾していた場合、一匹で産卵したように見える場合があります。アフリカマイマイは雌雄同体ですが、自家受精ができないため、交尾をして互いの精子を交換する必要があります。このため、本種は繁殖するために必ず交尾を行った後に、有精卵を産卵します。無精卵は産卵できないとされています。有肺類の交尾行動は、交尾を行う二個体が対面して交尾を行う様式の対面型交尾と、一方の個体が他方の個体の殻の上に乗っかって交尾を行う様式の乗っかり型交尾の二種類の交尾様式があります。対面型交尾が、交尾に参加する二個体が同じ配偶行動を採るのに対し、乗っかり型交尾では、二個体間の配偶行動が異なった行動になります。アフリカ

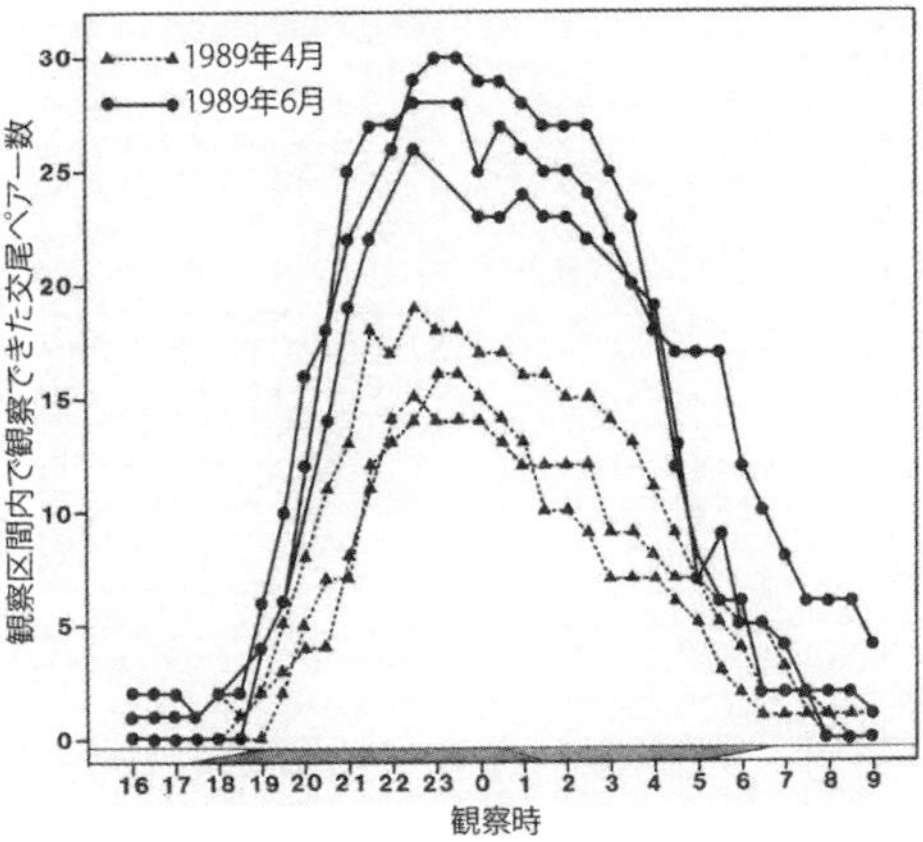

図 35　センサスルートで観察されたアフリカマイマイの交尾数の時系列変化.
観察は午後 16:00 ～翌朝の午前 9:00 まで行われた．観察は 1989 年 4 月の夜間に 3 回 ,6 月に 3 回行った．黒丸（●）は 4 月の時系列変化 , 黒三角（▲）は 6 月の時系列変化 , をそれぞれ表している．横軸が時間、縦軸が観察された交尾ペアー数.
Tomiyama (1994a) より.

マイマイは、乗っかり型の配偶行動をとり、求愛する側の個体と求愛される側の個体の行動がかなり異なっています（図35、36、37）。

本種の交尾行動は一定の一連した決まった行動に様式化しています（図38、39、40）。交尾は求愛をする上位置側と求愛を受け入れる下位置側でまったく異なっています。求愛後、交尾に成

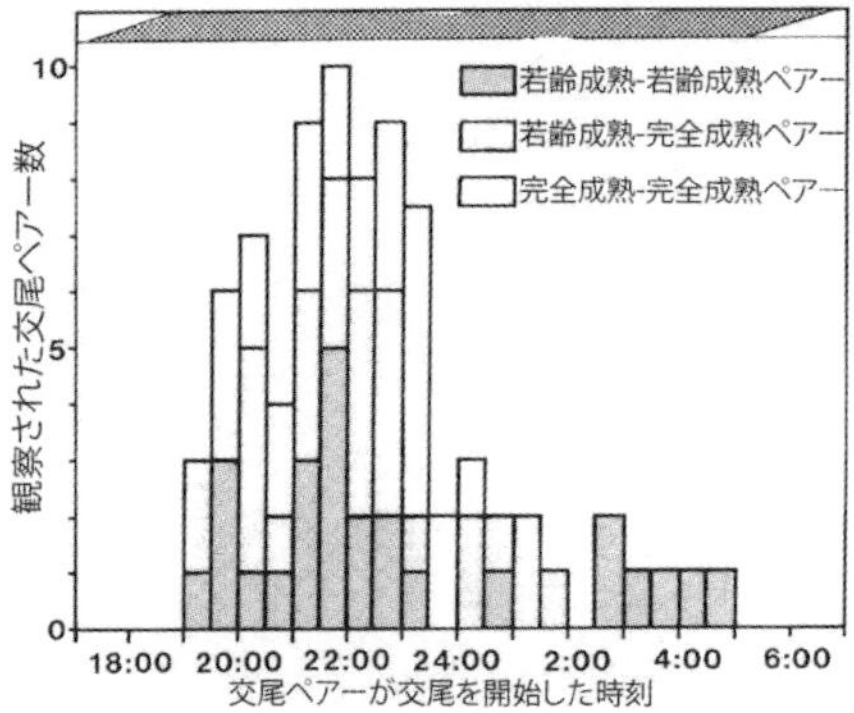

図 36　交尾ペアーの交尾開始時間.
観察ペアーの齢級群の組み合わせは、若齢成熟個体どうしの交尾対は 21 ペアー , 若齢成熟個体と完全成熟個体の交尾対ーは 31 ペアー , 完全成熟個体どうしの交尾対は26ペアーであった. Tomiyama 1994a より.

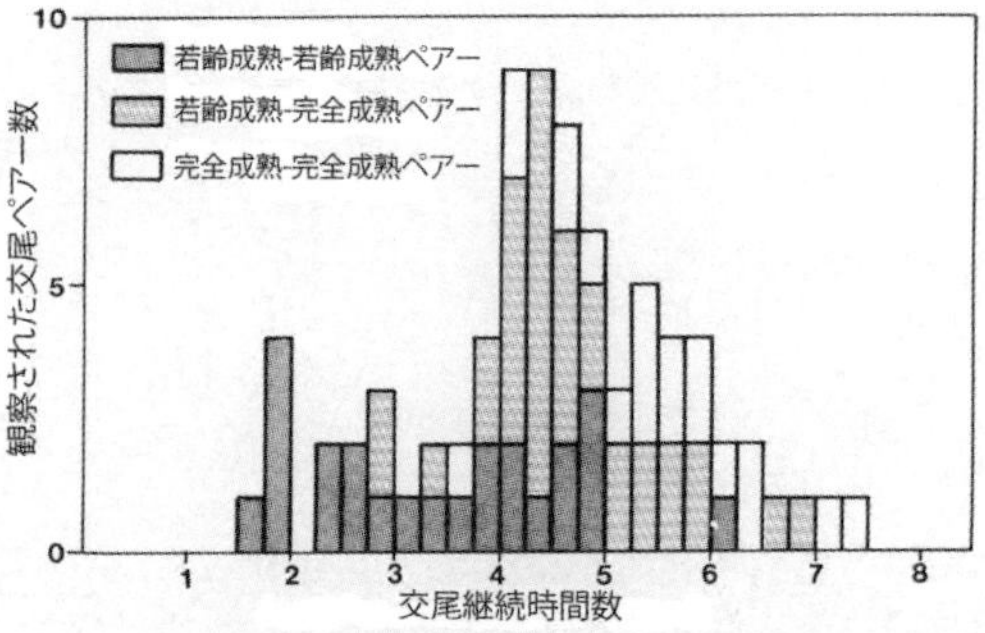

図 37　交尾継続時間の頻度分布.
観察ペアーの齢級群の組み合わせは , 若齢成熟個体どうしの交尾対は 21 ペアー , 若齢成熟個体と完全成熟個体の交尾対ーは 31 ペアー , 完全成熟個体どうしの交尾対は26ペアーであった. Tomiyama (1994a) より.

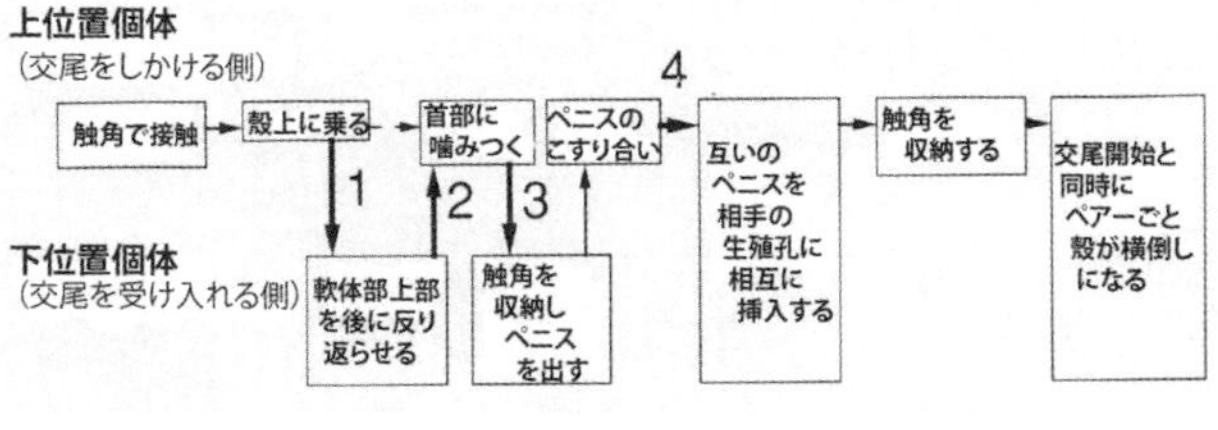

図 38　アフリカマイマイの交尾前の求愛行動のエソグラム.
上は求愛開始個体 , 下が求愛受け入れ個体の行動を示している。1, 2, 3, 4 の過程で求愛の拒否が生じる場合があることが観察された.
Tomiyama (1994a) より.

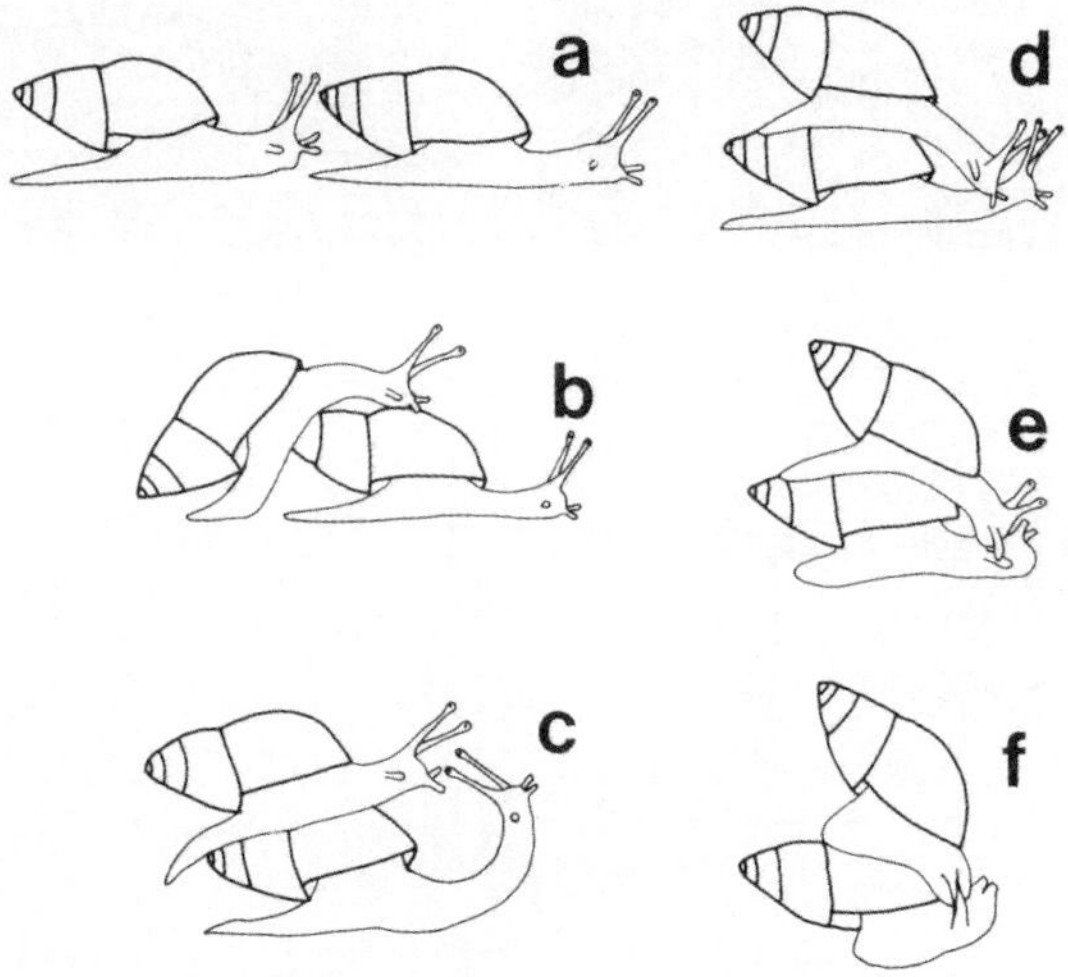

図 39　アフリカマイマイの求愛行動の模式図.
上位置個体が求愛開始個体、下位置個体が求愛受け入れ個体の行動を示している。
Tomiyama (1994a) より.

功する交尾対は約十％で、交尾対の約九割は相手から交尾を拒否されます（図41、42、表8～11）。交尾の成功・不成功を決めている要因は体長とタンパク腺（卵形成器官）の発達状態です（図

図 40　アフリカマイマイの交尾

表 8　求愛行動の途中から観察した事例.
殻乗っかりから交尾拒否、もしくは、交尾成立まで、すべての求愛行動を観察れきたペアーが 223 ペアー、反り返り以降を観察できたペアーが 104 例、噛みつき行動以降を観察できたペアーが 80 例、ペニスこすり以降を観察できたペアーが 33 例、の計で 440 ペアーの観察事例を集計した.
Tomiyama (1994a) より.

観察開始した行動	観察したペアー数	観察できたペアー数	
		交尾失敗ペアー数 :求愛行動中の交尾拒否による	交尾成功ペアー数 :ペニスの挿入に成功したペアー
殻乗っかり以降観察	223	199 (89.2%)	24 (10.8%)
後に反り返り以降観察	181	127 (70.2%	54 (29.8%)
噛みつき以降観察	190	99 (52.1%)	91 (47.9%)
ペニスこすり以降観察	141	5 (3.5%)	136 (96.5%)

表 9　配偶者選択行動を観察したアフリカマイマイの若齢成熟個体と完全成熟個体の殻の体積．Tomiyama (1995a) より．

成熟のステージ	若齢成熟個体	完全成熟個体	マン・ホイットニーの U－検定
観察した個体全体			
観察数	729 (72.0%)	283 (28.0%)	
殻の体積(mm³)			$U = 14073.0^{***}$
平均値±標準偏差	30486.0±6980.9	37021.7±10825.3	
最大値－最小値	12149.5 － 52160.3	10986.4 － 96324.1	
求愛行動を観察した個体			
観察数	62	90	
殻の体積(mm³)			$U = 1065.5^{***}$
平均値±標準偏差	31426.8±6917.4	39312.4±10602.0	
最大値－最小値	17484.9 － 46700.5	21497.4 － 74432.9	
交尾行動を観察した個体			
観察数	129	157	
殻の体積(mm³)			$U = 5923.5^{***}$
平均値±標準偏差	30079.8±6534.3	35884.7±10238.9	
最大値－最小値	17210.4 － 45877.3	15021.6 － 78884.8	
			***は有意水準 P＜0.001

表 10　求愛行動を観察したペアー数．Tomiyama (1995a) より．Tomiyama (1994a) より．

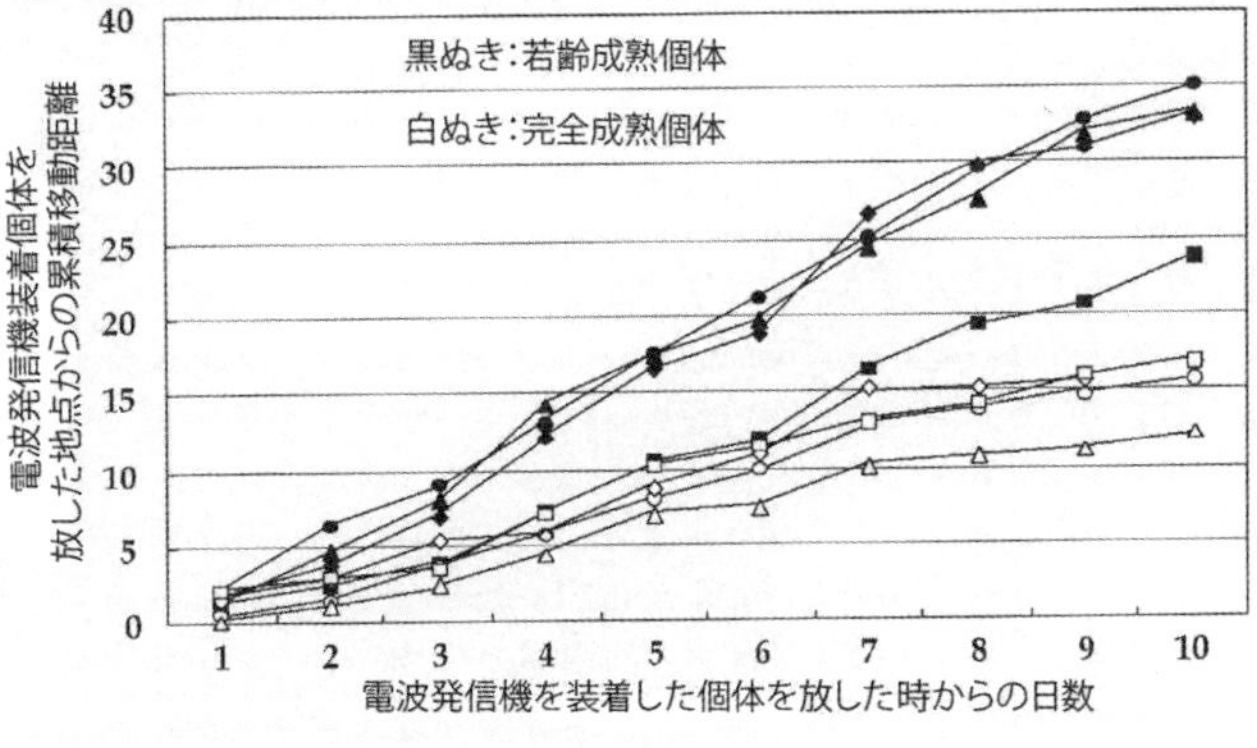

表 11　交尾行動を観察したペアー数．Tomiyama (1995a) より．

上位置個体の成熟ステージ（求愛を仕掛けた側の個体）	若齢成熟	若齢成熟	完全成熟	完全成熟	
下位置個体の成熟ステージ（求愛を受け入れ側の個体）	若齢成熟	完全成熟	若齢成熟	完全成熟	
					総計
個体群に占める比率からの期待値	74.2 (51.9%)	28.9 (20.2%)	28.9 (20.2%)	11.1 (7.8%)	143 (100%)
観察された交尾ペアー数	37	511	7	48	143

43)。求愛を受け入れる側になることの多い完全成熟個体は、タンパク腺が発達した個体で、また、交尾相手として体長が大きくタンパク腺の十分に発達した個体を選択しています。若齢成熟

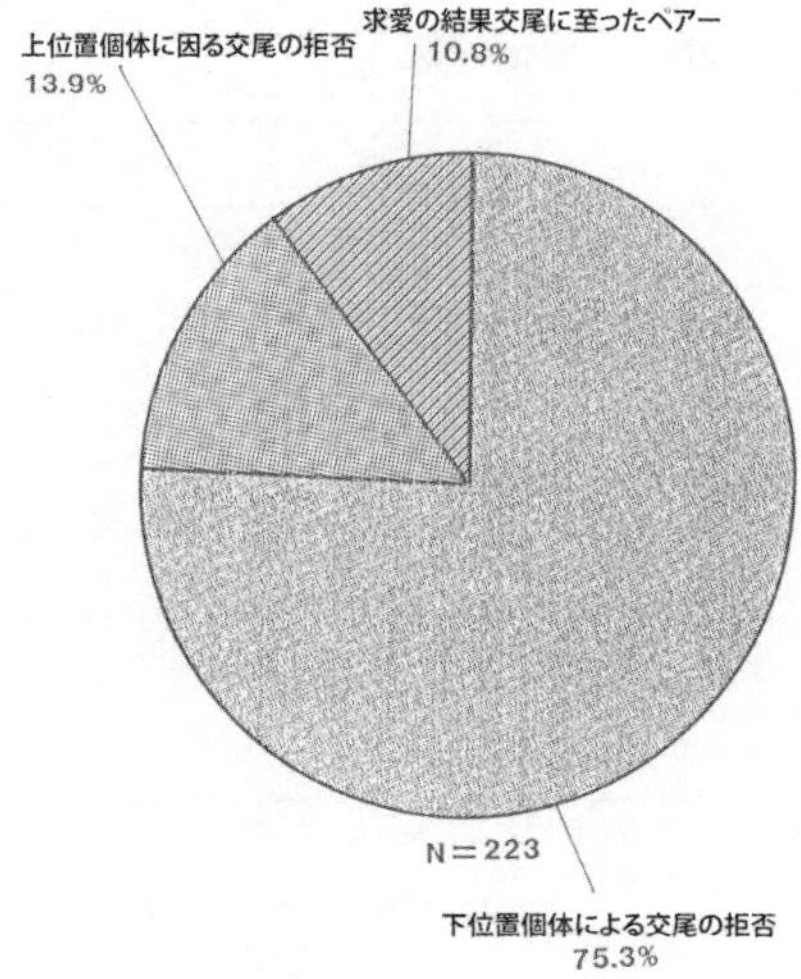

図 41　交尾行動の失敗率

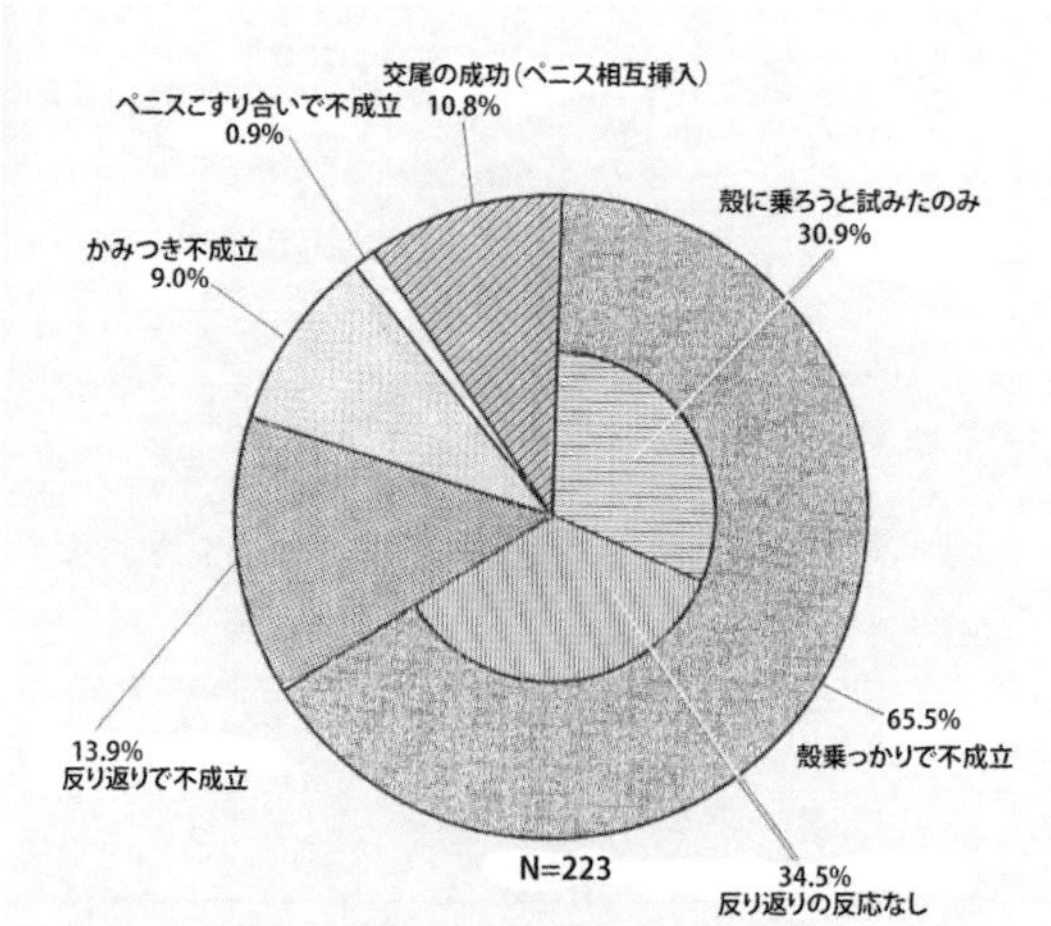

図 42　交尾が失敗する時点での行動の率

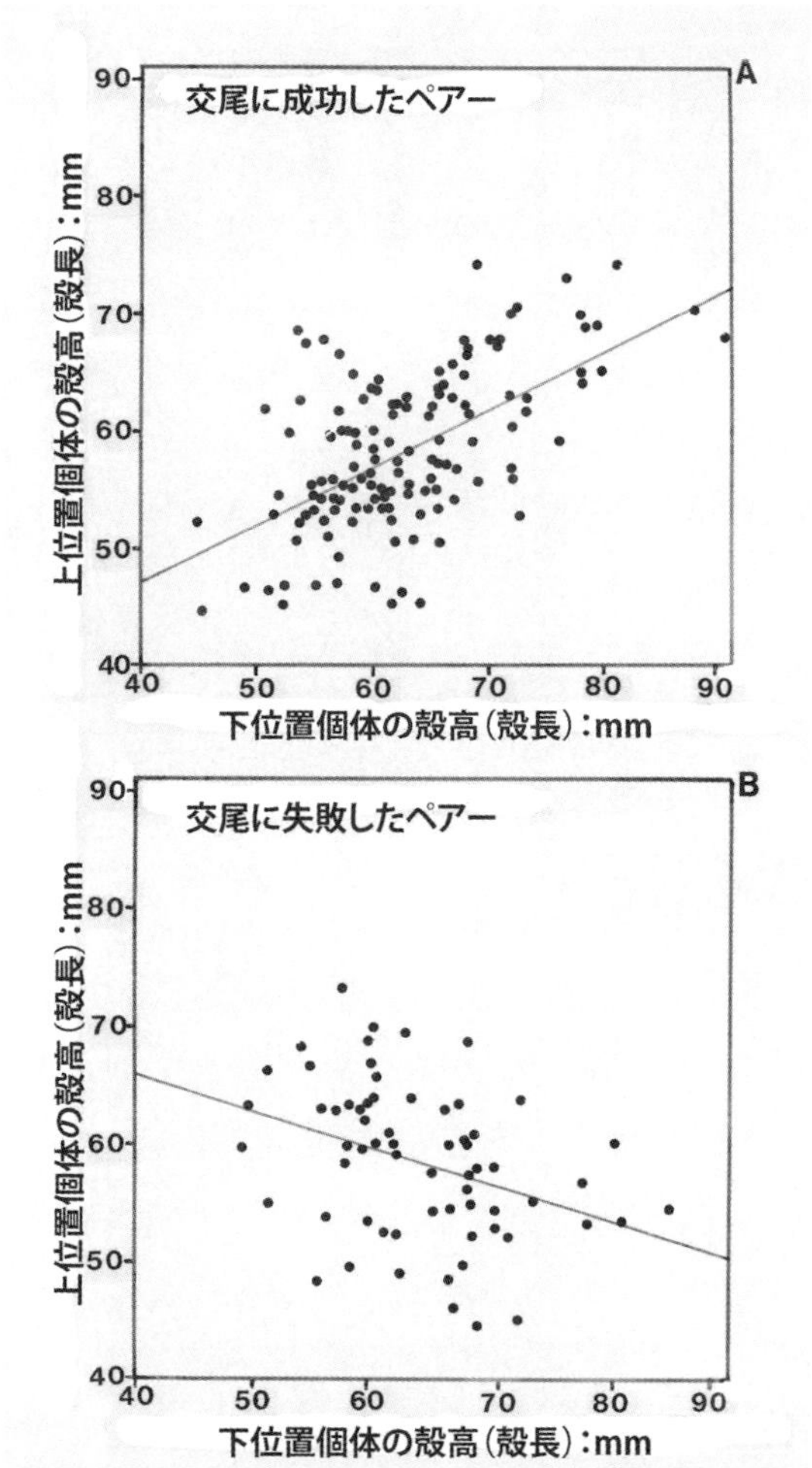

図 43　アフリカマイマイの求愛行動や交尾行動時の上位置個体（求愛を仕掛ける側）と下位置個体（求愛を受け入れる側）の殻体積（mm^3）の関係．上段は交尾に成功したペアー（$r = 0.585$; $p < 0.01$）．下段は交尾に失敗したペアー（$r = -0.359$; $p < 0.01$）．Tomiyama (2002b) より．

個体（求愛側であることが多い）は相手に注入する精子量が完全成熟個体よりも多いのです。若齢成熟個体も体長とタンパク腺の発達が大きな個体を交尾相手として選択しています。お互いによりサイズの大きな個体を選択した結果、求愛する側とされる側の間には殻のサイズに相関関係が生じ、強いサイズ同類交配が見られます。若齢成熟個体は、完全成熟個体に比し交尾回数が多く、より頻繁に求愛行動を繰り返しています（Tomiyama 1994）（図51～56、表12～16）。

若齢成熟個体は精子の生産でしか繁殖投資ができないため、オス的にふるまいます。このため、卵を生産できる完全成熟個体を求めて、より広い範囲を動き回り、頻繁に求愛し、数多くの個体と交尾するという繁殖行動を採っています。それに対し、完全成熟個体は、卵と精子の両方の形で繁殖投資ができるため、オス的にもメス的にもふるまえます。完全成熟個体は、交

図 51　交尾する電波発信機を装着した個体（下位置）．小笠原諸島父島にて．上位置の個体が交尾を仕掛けた側の個体．下位置個体が交尾を受け入れた側の個体．Tomiyama (2002b) より．

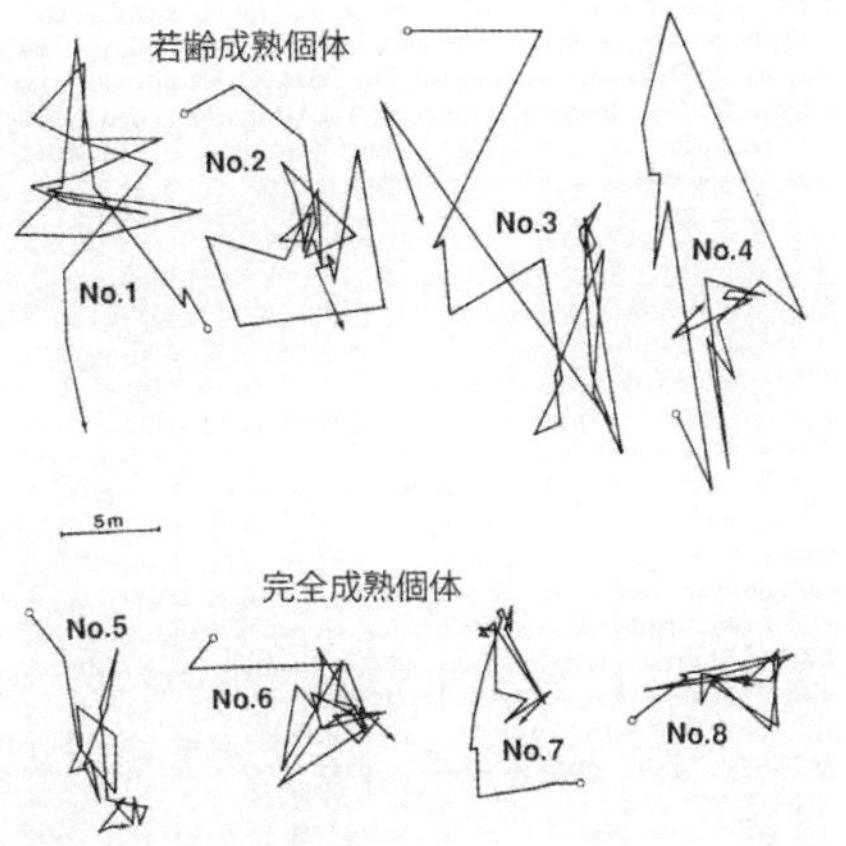

図 52　電波発信機を装着した個体の , 昼間の休息位置の観察期間中の移動.
上段（No.1 ～ No.4）は若齢成熟個体.
下段（N o 5 ～ No.8）は完全成熟個体. Tomiyama (2002b) より.

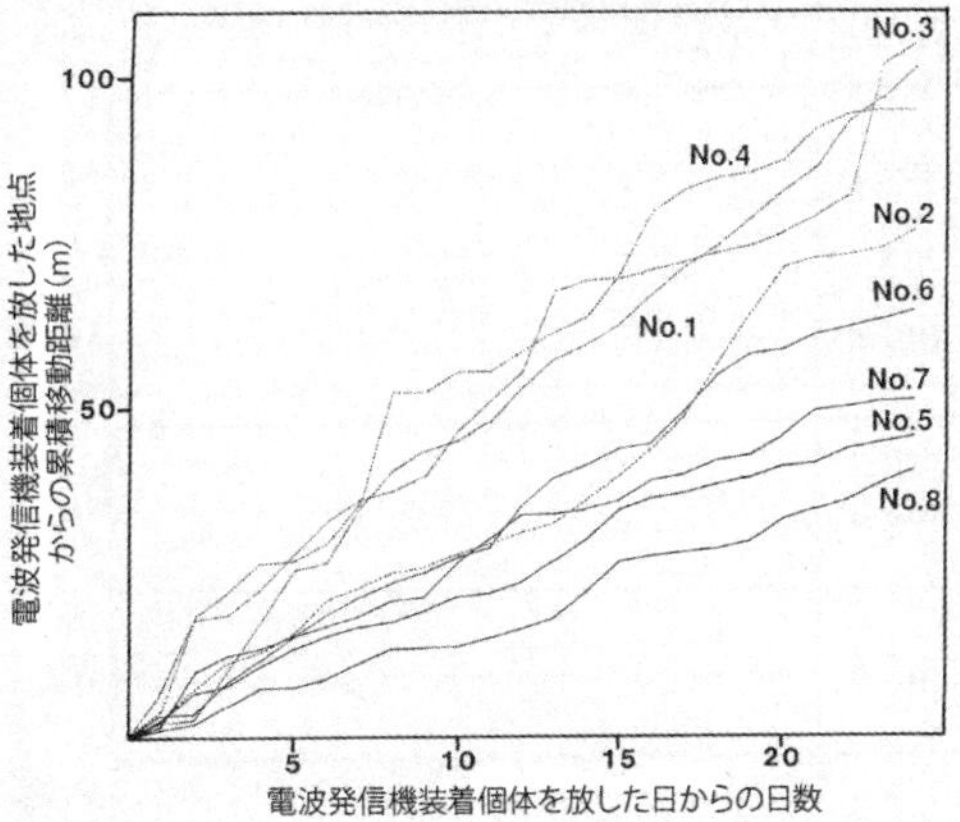

図 53　電波発信機を装着した個体の ,1 日あたりの移動距離を毎日累積していったグラフ. 1 日あたりの移動距離は , 昼間の休息位置から翌日の休息位置までの直線距離で表した. 破線は若齢成熟個体 4 個体、実線を完全成熟個体 4 個体を表す.
Tomiyama (2002b) より.

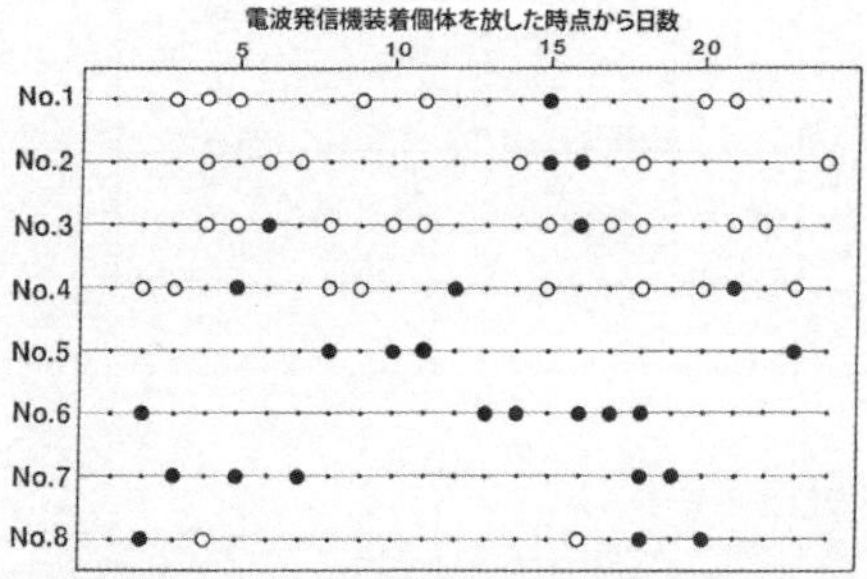

図 54 電波発信機を装着した 8 個体のアフリカマイマイの，観察期間 25 日間の交尾行動の有無．上段 4 個体（No.1 ～ No.4）は若齢成熟個体．下段 4 個体（No.5 ～ No.8）は完全成熟個体．小さな黒丸は , その日に交尾が観察されなかった事を示す．大きな白丸は交尾の位置が上位置（交尾をしかけた側）であったことを示す．小さな黒丸は交尾の位置が下位置（交尾を受け入れた側）であったことを示す．Tomiyama (2002b) より．

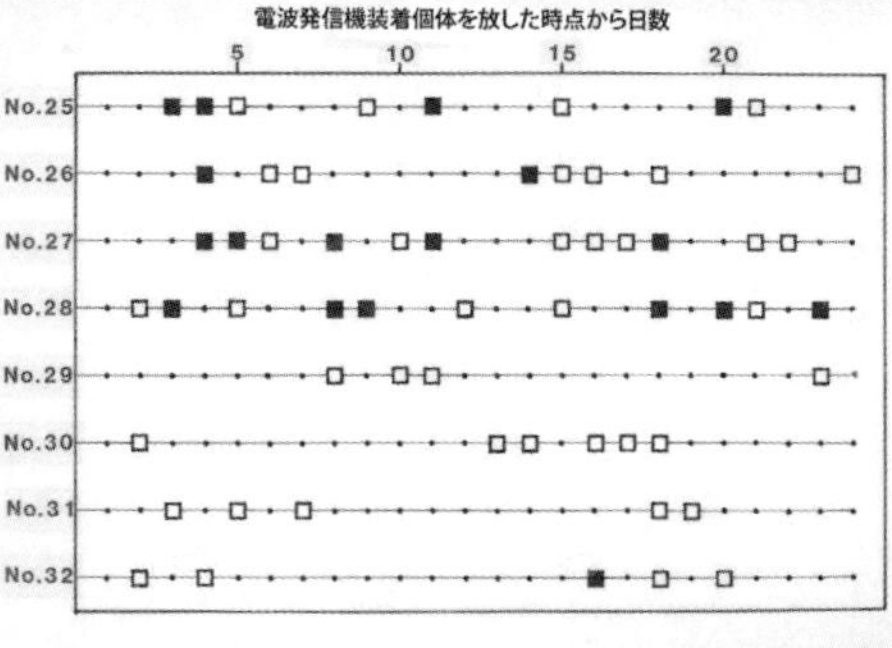

図 55 電波発信機を装着した 8 個体のアフリカマイマイの，観察期間 25 日間の交尾行動の有無．上段 4 個体（No.1 ～ No.4）は若齢成熟個体．下段 4 個体（No.5 ～ No.8）は完全成熟個体．小さな黒丸は、その日に交尾が観察されなかった事を示す．大きな白四角は交尾の相手は若齢成熟個体であったことを示す．小さな黒四角は交尾の相手が完全成熟個体であったことを示す．Tomiyama（2002b ）より．

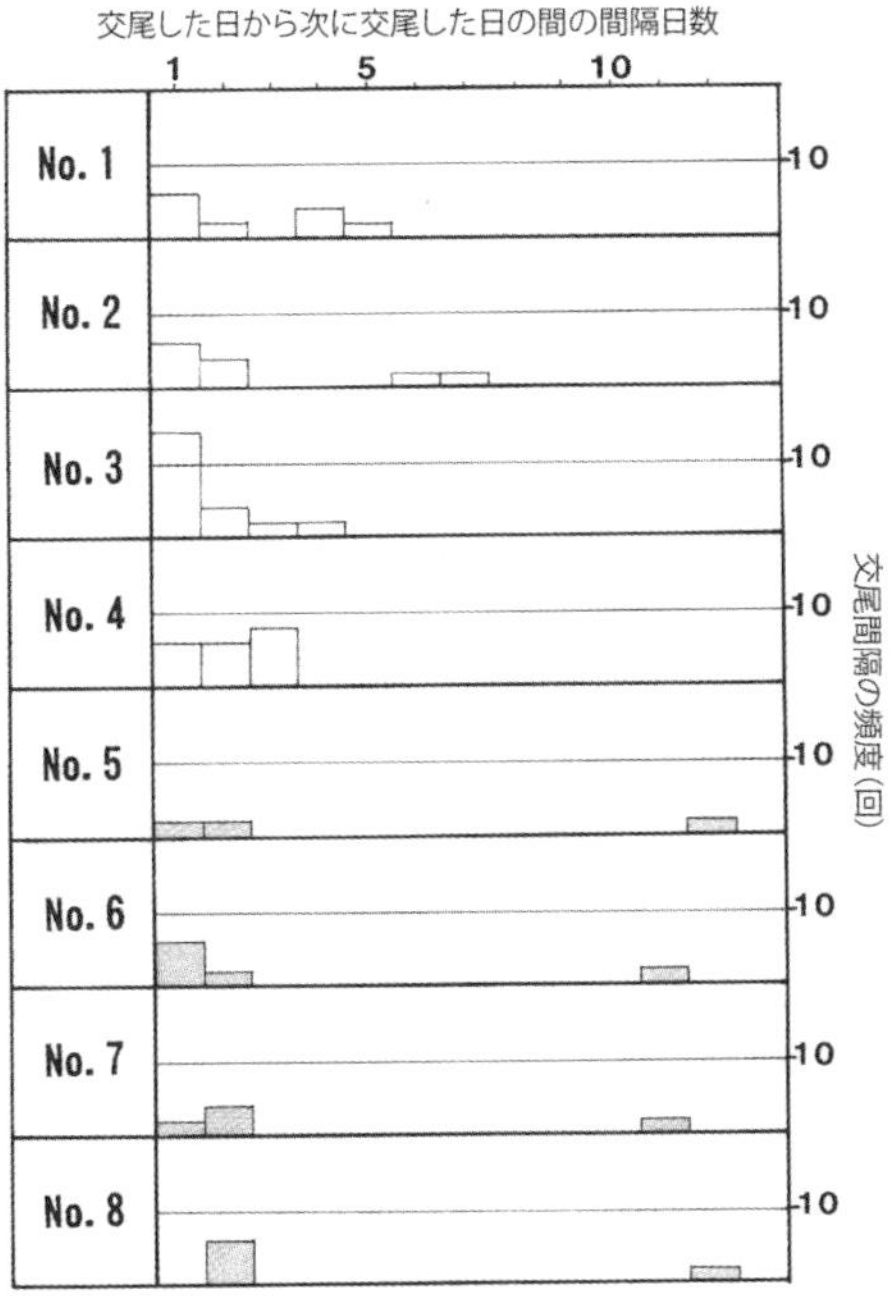

図 56　若齢成熟個体 4 個体（No.1 ～ No.4）と完全成熟個体 4 個体（No.5 ～ No.8）の交尾インターバル日数の頻度分布.
Tomiyama (2002b) より.

表 12　求愛行動を観察した個体の中で殻体積が 3 万～ 4 万 mm^3 の個体に限定した場合の交尾成功・不成功の割合.
Tomiyama (1995a) より.

	交尾が成功した個体数	交尾が失敗した個体数
若齢成熟個体		
観察された個体数	9	21
殻の体積（平均値±標準偏差）	34256.0±2404.8	35357.6±2336.8
完全 成熟個体		
観察された個体数	31	13
殻の体積（平均値±標準偏差）	34.12.7±2689.68	34186.6±3172.2

表 13　求愛行動観察ペアーと交尾行動観察ペアーのうち，若齢成熟個体と完全成熟個体の占める割合の期待値と実測値.

下位置個体の成熟ステージ	若齢成熟個体	完全成熟個体	総計	比率の有意差検定 G - 検定
求愛行動観察ペアー				
上位置個体が若齢成熟				
ランダム交配だった場合の期待値	31.7 (72.0%)	12.3 (28.8%)	44	G_{adj} = 33.753
実際に観察されたペアー数	13 (29.5%)	31 (70.5%)	44	p < 0.001
求愛行動観察ペアー				
上位置個体が完全成熟				
ランダム交配だった場合の期待値	23.0 (72.0%)	9.0 (28.8%)	32	G_{adj} = 43.387
実際に観察されたペアー数	5 (15.6%)	27 (84.4%)	32	p < 0.001
交尾行動観察ペアー				
上位置個体が若齢成熟				
ランダム交配だった場合の期待値	64.4 (72.0%)	24.6 (28.8%)	88	G_{adj} = 34.319
実際に観察されたペアー数	37 (42.0%)	51 (58.0%)	88	p < 0.001
交尾行動観察ペアー				
上位置個体が完全成熟				
ランダム交配だった場合の期待値	39.5(72.0%)	15.4(28.8%)	55	G_{adj} = 84.111
実際に観察されたペアー数	7 (12.7%)	48 (87.3%)	55	p < 0.001

表 14　求愛行動で交尾に成功したペアーと，失敗したペアーの殻の体積（mm^3）．有意水準；**0.001 < P < 0.01; ***P < 0.001; NS = 有意差なし．Tomiyama (1995a) より.

上位置個体の成熟ステージ（求愛を仕掛けた側の個体）	若齢成熟個体	若齢成熟個体	完全成熟個体	完全成熟個体
下位置個体の成熟ステージ（求愛を受入れた側の個体）	若齢成熟個体	完全成熟個体	若齢成熟個体	完全成熟個体
交尾に成功したペアー				
上位置個体の殻体積（求愛を仕掛けた個体）	27832.2 ± 6668.7 (N = 37)	32160.5±10849.5 (N = 51)	58663.5±43669.7 (N = 7)	34322.8±76.8.7 (N = 48)
下位置個体の殻体積（求愛を受入れた個体	30979.2±6304.1 (N = 37)	34487.4±8491.6 (N = 51)	50222.7±31871.0 (N = 7)	38962.9±13162.6 (N = 48)
マン･ホイットニーの U-検定	U = 510.0, NS	U = 1002.5, NS	U = 21.0, NS	U = 904.5, NS
交尾に失敗したペアー				
上位置個体の殻体積（求愛を仕掛けた個体）	29260.8±6237.1 (N = 13)	29628.2±6485.3 (N = 28)	40647.0±6898.2 (N = 5)	35932.0±5290.8 (N = 21)
下位置個体の殻体積（求愛を受入れた個体	37466.6±4597.4 (N = 13)	42628.6±10468.0 (N = 28)	35741.3±4909.0 (N = 5)	38271.4±13168.2 (N = 21)
マン･ホイットニーのU-検定	U = 29.0**	U = 1117.0***	U = 7.0, NS	U = 206.0, NS

表 15　求愛行動で交尾に成功したペアーと , 失敗したペアーの体積差インデックス（DI-value）．DI ＝ 100 × (2 ×｜X – Y｜／ X) ＋ Y；X と Y は配偶行動に参加した個体の殻体積．有意水準；**0.001 < P < 0.01; ***P < 0.001; NS = 有意差なし．
Tomiyama (1995a) より．

上位置個体の成熟ステージ（求愛を仕掛けた側の個体）	若齢成熟個体	若齢成熟個体	完全成熟個体	完全成熟個体
下位置個体の成熟ステージ（求愛を受入れた側の個体）	若齢成熟個体	完全成熟個体	若齢成熟個体	完全成熟個体
交尾に成功したペアー				
観察交尾ペアー数	37	51	7	48
体積差インデックス	22.8±17.7	23.5±17.5	105.1±34.5	22.0±18.2
交尾に失敗したペアー				
観察交尾ペアー数	13	28	5	21
体積差インデックス	28.1±20.4	43.5±25.7	89.1±36.6	33.6±22.0
マン・ホイットニーの *U*-検定	*U* = 206.0, NS	*U* = 397.0**	–	*U* = 332.0*

表 16　求愛行動で交尾に成功したペアーと , 失敗したペアーにおける , 上位置個体と下位置個体の殻体積の相関関係．
Tomiyama (1995a) より．

上位置個体の成熟ステージ（求愛を仕掛けた側の個体）	若齢成熟個体	若齢成熟個体	完全成熟個体	完全成熟個体
下位置個体の成熟ステージ（求愛を受入れた側の個体）	若齢成熟個体	完全成熟個体	若齢成熟個体	完全成熟個体
交尾に成功したペアー				
観察交尾ペアー数	37	51	7	48
相関係数	r = 0.203 (p = 0.228)	r = 0.329 (p = 0.018)	–	r = 0.539 (p < 0.001)
交尾に失敗したペアー				
観察交尾ペアー数	13	28	5	21
相関係数	r = 0.140 (p = 0.646)	r = −0.312 (p = 0.016)	–	y = −0.521 (p = 0.015)

表 18　発信機装着個体の，齢級（若齢成熟個体か , 完全成熟個体か）ごとの , 交尾の位置（上位置 = 交尾を仕掛けた側か , 下位置 = 交尾を受入れた側か）．Tomiyama (2002b) より．

齢	観察した交尾回数		
	上位置（求愛を仕掛ける側）	下位置（求愛を受入れる側）	計
若齢成熟個体	31	8	39
完全成熟個体	2	18	20

表 19　発信機装着個体の , 齢級（若齢成熟個体か，完全成熟個体か）ごとの , 交尾相手の齢級（若齢成熟個体か , 完全成熟個体か）．期待値はアフリカマイマイ個体群の野外における若齢成熟個体と完全成熟個体の比率から算出した．比率の検定は、X^2- 検定とフィッシャーの正確検定を行った．Tomiyama (2002b) より．

齢	観察した交尾回数			P-値
	交尾相手が若齢成熟個体	交尾相手が完全成熟個体	計	
若齢成熟個体				
観察値	22	17	39	＞ 0.05
期待値	26.4	12.6	39	
完全成熟個体				
観察値	19	1	20	＜ 0.05
期待値	13.5	6.5	20	

表 20　発信機装着個体の交尾相手の交尾位置（上位置＝交尾を仕掛けた側か, 下位置＝交尾を受入れた側か）と交尾相手の齢級（若齢成熟個体か, 完全成熟個体か）. Tomiyama (2002b) より.

発信機個体の齢級		観察された交尾ペアー数
若齢成熟個体（n = 39）		
	上位置（交尾を仕掛けた側）；n = 31	
	交尾相手が若齢成熟個体	14
	交尾相手が完全成熟個体	17
	下位置（交尾を受入れた側）；n = 8	
	交尾相手が若齢成熟個体	8
	交尾相手が完全成熟個体	0
完全成熟個体（n = 20）		
	上位置（交尾を仕掛けた側）；n = 2	
	交尾相手が若齢成熟個体	1
	交尾相手が完全成熟個体	1
	下位置（交尾を受入れた側）；n = 18	
	交尾相手が若齢成熟個体	18
	交尾相手が完全成熟個体	0

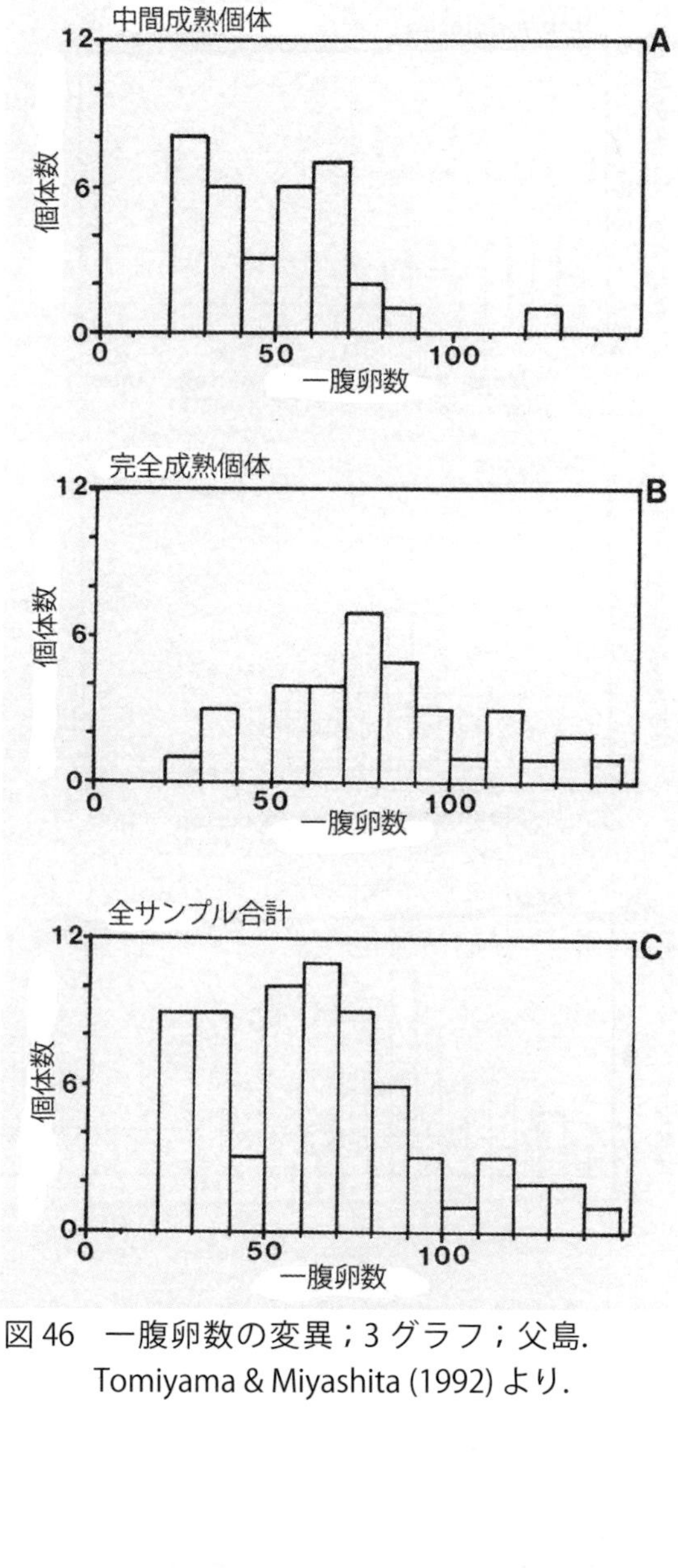

図 46　一腹卵数の変異；3 グラフ；父島.
Tomiyama & Miyashita (1992) より.

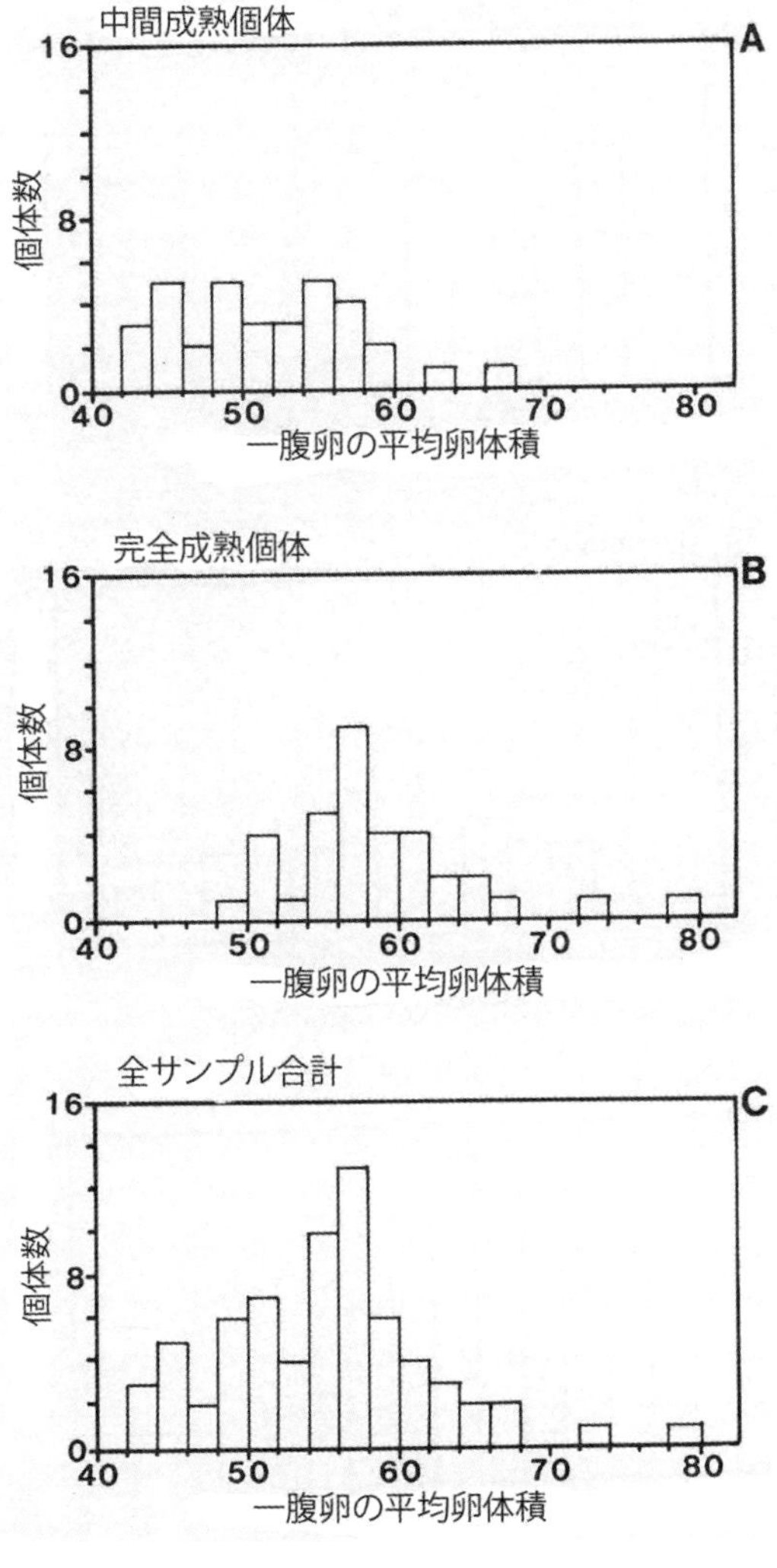

図 47　平均卵体積の変異；3 グラフ；父島.
Tomiyama & Miyashita (1992) より.

表 17　アフリカマイマイとアフリカマイマイ科 5 種の卵数と卵サイズ．各種文献に記載された値を比較した．
Tomiyama & Miyashita (1992) より．

		卵のサイズ		
種名	一腹卵数の平均値	卵の長径(mm)	卵の短径(mm)	参照した文献
アフリカマイマイ (*Achatina fulica*)	177.3	5.4	4.3	Mohr (1949)
同上	-	5.3	4.3	Bequaert (1950)
同上	97.4	7.1	5.6	Rees (1951)
同上	180.0	4.5	3.5	Ghose (1959)
同上	213.0	5	4.0	Kekauoha (1966)
同上	100〜300	5	4.0	Sakae (1968)
同上	50〜200	2.3〜7.8	3.2〜5.4	Nisnet (1974)
同上	100〜200	4.8	3.9	Pawson & Chase (1984)
同上	76.5	5.0〜5.7	3.8〜4.5	Numazawa & Koyano (1986)
同上	70〜100	5	4.0	Upatham et al. (1988
同上	13〜137	4.8〜6.3	3.5〜4.9	Tomiyama & Miyashina (1992)
Achatina achatina	37〜305	5.4〜8.1	4.2〜6.5	Hodashi (1979)
Achatina achatina monochromatica	20〜40	14	9.0	Nisnbet (1974)
Achatina panthera	20〜120	4.1〜6.8	3.2〜5.1	Nisbet (1974)
Achachatina marginata	6〜16	10.0〜26.0	9.0〜19.0	Plummer (1975)
同上	3〜16	10.6〜25.1	9.3〜19.2	Nisbet (1974)
Achachayina knorrii	10〜15	20.0〜20.5	14.0〜14.5	Bequaert (1950)

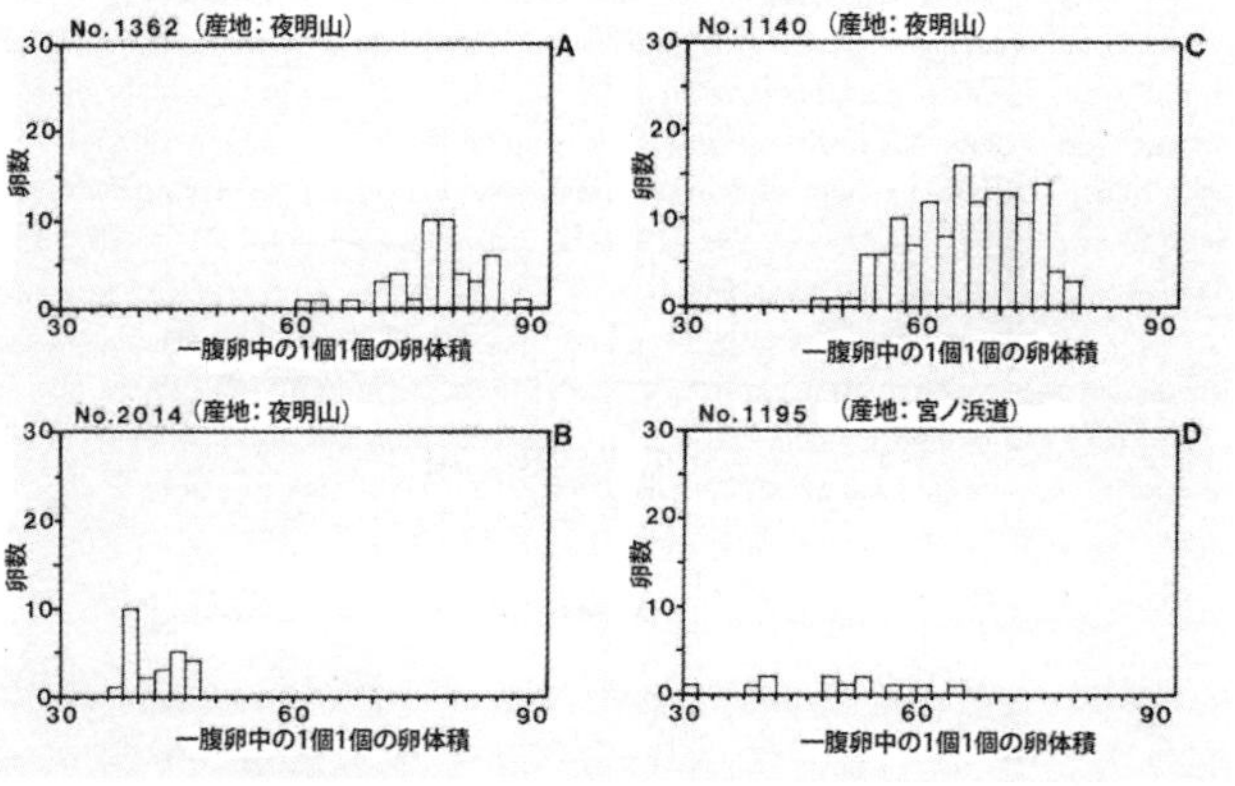

図 48　平均卵体積の変異．
代表的な 4 個体のアフリカマイマイの，一腹卵の中の卵体積の頻度分布を表したヒストグラムる。A：最大値（N = 46；平均値±標準偏差 = 76.21 ± 5.97）だった No.1362（夜明山：7 月採集），B：平均卵体積が最小値（N = 25；平均値±標準偏差 = 40.20 ± 3.15）だった No.2014（夜明山；7 月採集），C：最大の 137 個だった No.1140（夜明山；5 月採集），D：一腹卵数が最小の 20 個だった No.1195（宮野浜道；5 月採集）．
Tomiyama & Miyashita (1992) より．

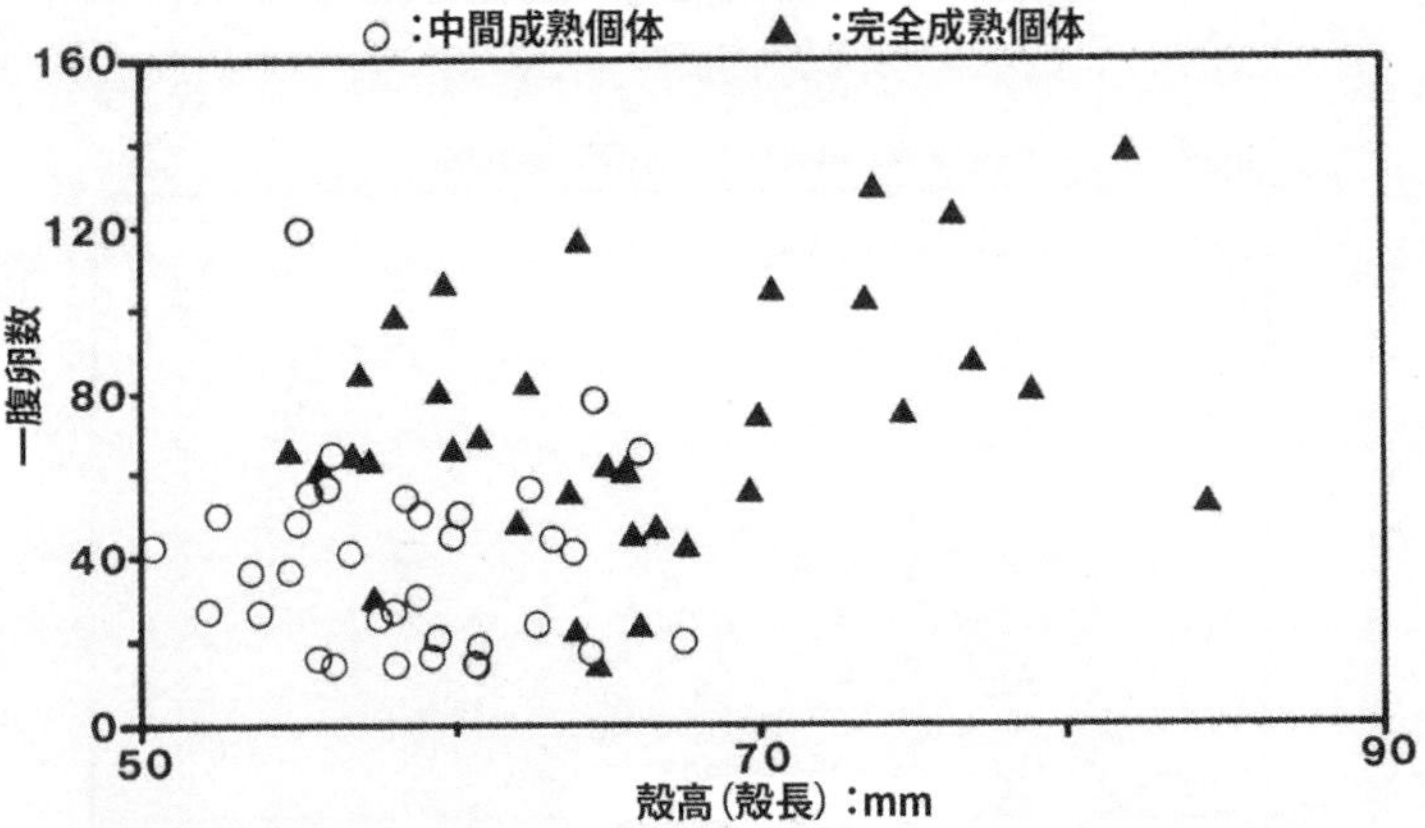

図 49　殻の大きさと卵数の相関.
黒三角は，中間成熟個体を表す・白丸は，完全成熟個体を表す.
R = 0.417, P < 0.01.　Tomiyama & Miyashita (1992) より.

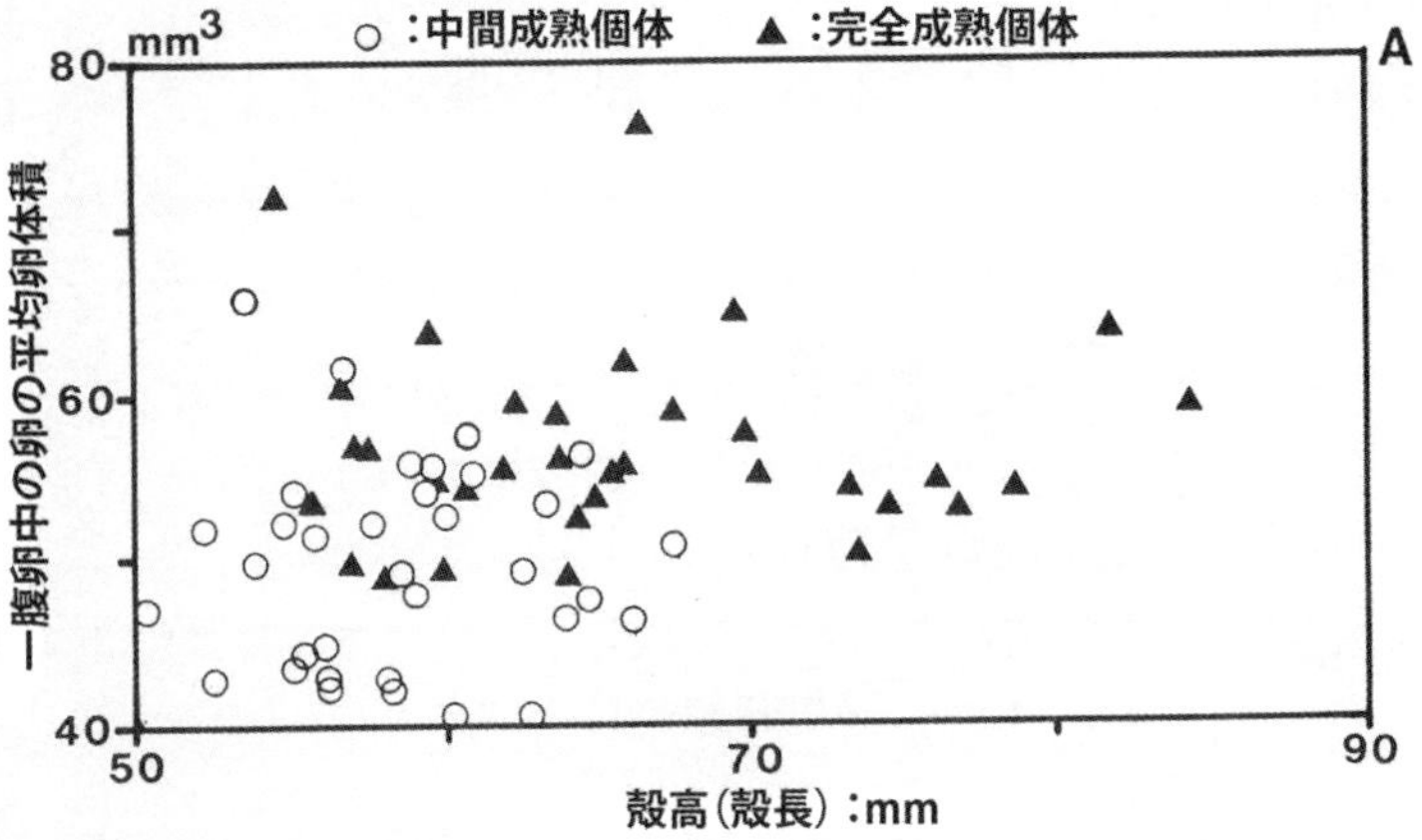

図 50　殻の大きさと卵の体積量の相関.
黒三角は，中間成熟個体を表す・白丸は，完全成熟個体を表す.
R = 0.246, P < 0.05.　Tomiyama & Miyashita (1992) より.

尾相手を求めて徘徊することにエネルギーを投資するよりも定住的になって、交尾相手がやってくるのを待つ行動様式を採っています。また、完全成熟個体・若齢成熟個体共に交尾相手として産卵数の多い個体を好んで選択するよう、交尾拒否行動を発達させているものと考えられています（表18、19、20）。

交尾してから産卵するまでの日数は不定で、交尾直後に産むこともありますし、体内に精子を保持して数ヶ月後に産卵することもあります。本種の繁殖能力は非常に高く、気温と湿度が確保された条件下では、十日～二週間周期で卵を生み続けますが、タンパク腺の発達・縮小も産卵周期に同調しています。産卵数は、殻の大きさに左右されますが、通常は、五〇個から一〇〇個程度産卵します。大型個体では三〇〇卵程度産卵しますが、国外の報告では、一〇〇〇卵以上産んだという事例もあります。卵が産下されてから孵化するまでの時間も不定で、卵を体内に保持していた場合は、卵の産下直後に孵化する場合もあります。このため、「アフリカマイマイは卵胎生」などと書かれた農学書があったりもします。環境条件が悪ければ、産下された後、孵化しないで数ヶ月間そのままの状態で卵が地中に保持されるという報告もあります。産卵できる殻のサイズも、生息環境によってまちまちで、一〇〇㎜を越える個体でも生殖腺がまだ形成されていない幼貝である場合もありますし、四〇㎜でも産卵できる成貝の場合もあります。卵の大きさも、長径五～八㎜と、論文によってかなり異なり、産地や環境条件で変異します（図44～50、表17）。

X　広東住血線虫の中間宿主としてのアフリカマイマイ

アフリカマイマイは農業害虫という側面のみではここまで騒がれることはなかったでしょう。本種は、広東住血線虫という寄生虫の中間宿主で、この線虫がヒトに感染すると脳炎を起こすことが知られており、衛生害虫としての性質も持っています。広東住血線虫は、もともとはネズミ類の肺の血管系に寄生します。本種は、成虫で二〇～三〇㎜程度になる線形動物で、中国の広東省で最初に見つかったためこの名があります。しかし、この寄生虫は、アフリカマイマイと共に東アフリカから全世界に拡散したとされています。この寄生虫に感染したネズミの糞に卵（正確には一令幼生）が混じっていて、それを食べたデンデンムシが感染し、ネズミがそのデンデンムシを食べることで、その生活史が回っているのです。野外調査の事例では、アフリカマイマイの約三〇％が広東住血線虫に感染しているとされています。広東住血線虫が人に感染すると、脳に入り込んで、好酸球性髄膜脳炎（白血球の一種である好酸球の著しい増加を伴う髄膜炎および脳炎）を起こすことがあります。髄膜脳炎は、激しい頭痛、顔面麻痺、四肢麻痺、昏睡などの症状が出ます。日本国内では、二〇〇〇年六月に沖縄県嘉手納基地内で、米国人の七歳の少女がこの寄生虫の感染による脳髄膜炎で死亡した事例が一例ありますが、髄膜脳炎を引き起こすのは、よほど運の悪い場合で、大半は感染にも気づかず、ヒトの体内に入った幼生は成体になれずに数ヶ月で死滅するとされています。このアフリカマイマイが広東住血線虫の中間宿主となっているという事実を取り上げ、一部のマスコミでは「殺人カタツムリ」などとおもしろおかしく報道する悪のりが見られました。

しかし、この寄生虫の中間宿主は、アフリカマイマイだけではなく、ナメクジ、デンデンムシ、ジャンボタニシ、アメリカザリガニ、カエル、淡水エビ類、サワガニ、コウガイビルなど多岐にわたっています。このため、既に本土にも感染は拡がっていて、アフリカマイマイだけを取り上げて騒ぐほどのものではありません。この寄生虫は、中間宿主であるデンデンムシや淡水甲殻類、カエル類などを『生食』することで感染します。沖縄県の死亡例は、ネズミの糞やコウガイビルが付着した生野菜をよく洗わずに食べたことで感染したと推定されています。感染は、すべて経口感染で、皮膚感染はしないことが判っています。まさかデンデンムシを生食する人はいないと思いますが、触った手を口に持っていく可能性もあるため、念のため、手で触ったら石鹸で洗おう（デンデンムシに限らず、野外生物は汚いよ！）。広東住血線虫は、一九七〇年に沖縄県で初めて感染事例が報告されて以来、五二例以上の症例が報告されています。ただし、アフリカマイマイの分布していない本土での感染事例も数多く報告されています。アフリカマイマイが生息していない地域でも広東住血線虫に感染する可能性はあります。したがって、アフリカマイマイだけをことさら怖がる必要はありません。

「アフリカマイマイは本当に食用になるのですか?」

と聞かれることがよくあります。はっきり指摘しておきたいですが、食用にはなりません。毒はないので、食べようと思えば食べられますが、アフリカマイマイは、煮ると固くなり、ゴムタイヤを食べているみたいで、かみ切れないほどで、とても食べられる代物ではありません。このため、国外では、柔らかく料理するために、生煮え状態で調理されて、広東住血線虫に感染する事例が報告されています。

また、二〇〇七年の騒動の際、徳之島在住の中学校教師の方から、「県本土で見つかると心配し、私が住む奄美地方は既に生息しているのに、なぜまったく心配してくれないのですか?」とのお叱り言葉を頂きました。確かに、おっしゃる通りで、行政もマスコミもまことに不誠実な対応だと思いました。もう少し、行政は、農業被害・衛生動物被害(風評被害も含む)の対策と教育を徹底させるべきだと思いますし、マスコミは奄美地方の現状を取り上げるべきでしょう。

XI　おわりに

以上のように、アフリカマイマイの生活史は非常に変異幅が大きく、つかみ所がない、という結論になります。農業害虫として良く研究されている昆虫類は、遺伝的に生活史がかなり厳密に決まっている例が多いのです。このため、アフリカマイマイの生活史の発表をすると、昆虫類とはあまりに異なる生活史に当惑した昆虫学者から、「アフリカマイマイは、はっきりしない事ばかりで、生態が良く分かっていないという印象を受けるが?」、と質問されることも多いのです。しかし、アフリカマイマイの生態は一〇〇年以上の研究の蓄積があり、デンデンムシとしては、生態や生活史が最も良く判っている種だと言えます。「はっきりしない事が多い」というのは、「生態がよく分かっていない」のではなく、生活史そのものが、よく言えば「柔軟性がある」、悪く言えば「いい加減」ということです。

また、「今後どう対策を採れば良いのか?」との質問もよく受けます。まず、現在のアフリカマイマイの発生状況を正確に把握することでしょう。どこにどれくらい生息しているのか、正確な生息現況調査が必要です。そして、発生状況がどのように変化しているのか、正確なモニタリング調査が必要となります。これらの調査結果に基づいて、科学的な根拠に基づく、防除計画の立案と実施が行われるべきとかんがえます。

XII　謝辞

アフリカマイマイの研究に当たっては、東京都立大学理学部生物学科動物生態学研究室の宮下和喜先生（東京都立大学名誉教授）より、経済的・物質的・学術的な多大なる御支援を頂きました。また、同研究室のスタッフや大学院生・卒業研究生の皆様からは各種の御教示を頂きました。東京都庁、農林水産省、小笠原村の皆様方には調査で便宜をはかっていただきました。本書の作成に関しては、「鹿児島県レッドデータブック第二版作成」の調査・編集作業予算（鹿児島県自然保護課）の一部、農林水産省委託研究費の一部、日本学術振興会科学研究費助成金の、031681 および 041681、平成二六・二七・二八・二九年度基盤研究（A）一般「亜熱帯島嶼生態系における水陸境界域の生物多様性の研究」26241027-0001・平成二七・二八・二九年度基盤研究（C）一般「島嶼における外来種陸産貝類の固有生態系に与える影響」15K00624・平成二七・二八・二九・三〇年度特別経費（プロジェクト分）―地域貢献機能の充実―「薩南諸島の生物多様性とその保全に関する教育研究拠点整備」、および、二〇一四・二〇一五・二〇一六・二〇一七・二〇一八年度鹿児島大学学長裁量経費，以上の研究助成金の一部を使用させて頂きました。以上、御礼申し上げます。

XIII　参考文献

これまでに、アフリカマイマイを扱った文献は膨大な数が出版されてきましたが、冨山・宮下（一九八九 a,b）がアフリカマイマイに関する和文と英文の文献リストをまとめており、かなり細かい文献まで拾っています。しかし、一九八九年以降に出版された文献に関してはまとまったレビューが存在しません。紙面も限られることから、下記に代表的な文献にしぼって掲載しました。

浅見崇比呂 (1992) 進化するらせんとカタツムリ．遺伝別冊 4 号 : 104-117.

鹿児島県 (2016) 改定・鹿児島県の絶滅のおそれのある野生動植物　動物編　―鹿児島県レッドデータブック 2016―．鹿児島県環境林務部自然保護課，鹿児島．401pp. ＋付属 DVD．

Matayoshi S., Kawabata N, Noda, S., Sato A. & Tabaru M. (1981) Ecology of giant African snail,

Achatina fulica. 2. Fructuation of percentage of egg laying snails. Japanese Journal of Saint. Animal 3(2): 132.

Mead A. R. (1961) Giant African snail. University of Chicago Press, Chicago.

Mead A. R. (1979) Economic malacology with to *Achatina flica*. Pulmonates 2B. Academic Press, London.

宮下和喜 (1977) 帰化動物の生態学―侵略と適応の歴史. 講談社. 東京.

宮下和喜 (1989) 絶滅の生態学. 思索社, 東京.

Numazawa K., Koyano S., Takeda N. & Takayanagi H. (1988) Distribution and abundance of the giant Afeican snail, *Achatina fulica* (Ferussac) (Pulmonata; Achatinidae), in two islands, Chichi-jima and Haha-jima, of Ogasawara (Bonin) Islands, Journal of Applied Entomology and Zoology 32: 176-181.

Okochi I., Sato H. & Ohbayashi T .(2004) The cause of mollusk decline on the Ogasawara Islands. Biodiversity and Conservation 13: 1465-1475.

大林隆司 (2006) ニューギニアヤリガタリクウズムシについて―小笠原の固有陸産貝類への脅威―. 小笠原研究年報 29: 23-35.

大林隆司 (2008) 続・ニューギニアヤリガタリクウズムシについて—小笠原におけるその後の知見—．小笠原研究年報 31: 53-57.

大林隆司・竹内浩二 (2007) 小笠原諸島父島および母島におけるアフリカマイマイの分布ならびに個体数の変動（1995～2001年）．日本応用動物昆虫学会誌 51: 221-230.

産経新聞社「生き物異変」取材班 (2011) アフリカマイマイ．In:「生き物異変 - 温暖化の足音」扶桑社，東京．346pp.

清水善和・冨山清升・安井隆弥・船越眞樹・伊藤元己・川窪伸光・本間 暁 (1991) 小笠原諸島父島列島の自然度評価．地域学研究 4: 67-86

楚南仁博 (1936a) 食用蝸牛に就いて．台湾農時報 32(9): 17-24.

楚南仁博 (1936b) 誤れる農業別業食用蝸牛を発く．農業日本 1(10): 42.

鈴木 寛・安田慶次 (1983) 沖縄本島におけるアフリカマイマイの生態及び防除に関する研究．1. メタアルデヒド剤による防除適期．沖縄農業試験場研究報告 8: 43-50.

高村章一郎 (1936) 趣味と実益を兼ねた食用蝸牛の飼ひ方．農業世界 31(1): 169-173.

瀧 巌 (1935b) 動物学上からみた「食用蝸牛」の話．農業世界 35(4): 61-66.

瀧 巌 (1961) 内地のおけるアフリカマイマイについて．Venus 21(3): 354.

瀧 巌 (1972) アフリカマイマイについての注意報．ちりぼたん 7(1): 10-11.
田沢震五 (1935) 一年で五千匹に増へる。食用蝸牛白藤種の飼ひ方．農業世界 35(4): 61-66.
東京都 (1983) アフリカマイマイ *Achatina fulica* の生態と防除．東京都労働経済局農林水産部，東京．24pp．
冨山清升 (1988) 小笠原のアフリカマイマイ．小笠原研究年報，11: 2-6.
冨山清升 (1991) アフリカマイマイの繁殖生態に関する研究．東京都立大学学報第 85 号別冊 85: 71-73.
冨山清升 (1992a) 小笠原諸島の陸産貝類の 生息現況とその保護．地域学研究 5: 39-81.
冨山清升 (1992b) 父島列島における陸産貝類の分布と地域別自然度評価．Ogasawara Research 17: 1-31.
Tomiyama K. (1993a) Growth and maturation pattern of giant African snail, *Achatina fulica* (Fersacc) (Stylommatophora; Achatinidae). Venus 52(1): 87-100.
Tomiyama K. (1993b) Homing behaviour of the giant African snail, *Achatina fulica* (Ferussac) (Gastropoda; Pulmonata). Joural of Ethology 10(2): 139-147.
冨山清升 (1993c) アフリカマイマイの帰巣行動の観察．九州の貝 40: 53-66.

Tomiyama K. (1994a) Courtship behaviour of the giant African sanil, *Achatina fulica* (Gastropoda; Achatinidae). Journal of Molluscan Studies 59: 47-54.

冨山清升 (1994b) 小笠原諸島における陸産貝類の絶滅要因. Venus 53(2): 152-156.

Tomiyama K. (1995a) Mate choice in a simultaneously hermaphroditic land snail, Achatina *fulica* (Stylommatophora; Achatinidae) . Unitas Malacologca Abstracts, Twelfth International Malacological Congress. Vigo, Spain.

冨山清升 (1995b) でんでんむしの標識方法, 九州の貝 44: 49-58

冨山清升 (1995c) 小笠原諸島の自然破壊略史と固有種生物の絶滅要因. 環境と公害 25(2): 36-40.

Tomiyama K. (1996) Mate-choice criteria in a protandrous simultaneously hermaphroditic land snail *Achatina fulica* (Ferussac) (Stylommatophota; Achatinidae). Journal of Molluscan Studies 62: 101-111.

冨山清升 (1997) 小笠原諸島の島しょ生態系の破壊と地域自然保護の現状. 生物科学 49(2): 68-74.

冨山清升 (1998a) 小笠原諸島の移入動植物による島嶼生態系への影響. 日本生態学会誌 48: 63-72.

冨山清升 (1998b) 生物多様性を脅かす外来生物. 遺伝 52(5): 2-4.

Tomiyama K. (2000) Daily movement around resting sites of the Giant African snail, *Achatina fulica* on a North Pacific Island. Tropics 10 (2): 243-249.

冨山清升 (2002a)「島嶼」p.229,「島嶼における外来種問題」pp.230-231,「アフリカマイマイ」p.165, p.166「ヤマヒタチオビガイ」In: 日本生態学会編, 鷲谷いづみ・村上興正監修『外来種ハンドブック』 地人書館, 東京.

Tomiyama, K. (2002b) Age dependecy of sexual role and reproductive ecology in a simultaneously hermaphroditic land snail, *Achatina fulica*. Venus 60 (4): 273-283.

冨山清升 (2002c) 小笠原の陸産貝類—脆弱な海洋島固有種とその絶滅要因. 森林科学 34: 25-28.

冨山清升 (2003a)「有害軟体動物の被害と対策」In:『新農学大辞典』養賢堂, 東京.

冨山清升 (2003b)「島の生物保全」 In: 日本生態学会編 『生態学事典』共立出版, 東京. pp.217-218.

冨山清升 (2016) 薩南諸島の陸産貝類. In: 鹿児島大学生物多様性研究会編, 奄美群島の生物多様性. 研究最前線からの報告—. pp.143-228.

冨山清升・宮下和喜 (1989a) アフリカマイマイに関する文献目録 (和文編). 九州の貝 33: 1-22.

冨山清升・宮下和喜 (1989b) アフリカマイマイに関する文献目録の追加. 小笠原研究年報 12: 56-57.

Tomiyama, K. & Miyashita K. (1989c) A tentative list of literature on *Achatina fulica* Bowdich. Ogasawara Research 14: 1-57.

Tomiyama K. & Miyashita K. (1992) Variation of egg clutches in giant African snail, Achatina *fulica* (Fersacc) (Stylommstophora; Achatinidae) in Ogasawara Islands. Venus 51(4): 293-301.

Tomiyama K. & Nakane M. (1993) Dispersal patterns of the giant African sanil, *Achatina fulica* (Ferussac) (Stylommatophora: Achatinidae), equipped with a radio-transmitter. Journal of Molluscan Studies 59: 315-322.

Tompa A. S. (1984) Land snail (Stylommatophora). In: The Mollusca, 7: Reproduction. (A. S. Tompa, N. H. Verdonk & J. A. M. van den Biggelaar, eds). 47-140. Academic Press, London.

鷲谷いづみ・村上興正 (2002) 日本における外来種問題. In: 日本生態学会編，鷲谷いづみ・村上興正監修『外来種ハンドブック』，pp.6-9. 地人書館．東京．

吉川研二 (1972) 小笠原のアフリカマイマイ―侵略者の生態学―．小笠原研究年報 1: 49-56.

刊行の辞

鹿児島大学は、本土最南端に位置する総合大学として、伝統的に南方地域に深い学問的関心を抱き続けてきており、多くの研究により多大な成果をあげてきました。そのような伝統を基に、国際島嶼教育研究センターは鹿児島大学憲章に基づき、「鹿児島県島嶼域～アジア・太平洋島嶼域」における鹿児島大学の教育および研究戦略のコアとしての役割を果たす施設とし、将来的には、国内外の教育・研究者が集結可能で情報発信力のある全国共同利用・共同研究施設としての発展を目指しています。

国際島嶼教育研究センターの歴史の始まりは、昭和五六年から七年間存続した南方海域研究センターで、その後昭和六三年から一〇年間存続した南太平洋海域研究センター、そして平成一〇年から一二年間存続した多島圏研究センターです。平成二二年四月に多島圏研究センターから改組され、現在、国際島嶼教育研究センターとして鹿児島県島嶼からアジア太平洋島嶼部を対象に教育・研究を行なっている組織です。

鹿児島県島嶼を含むアジア太平洋島嶼部では、現在、環境問題、環境保全、領土問題、持続的発展など多岐にわたる課題や問題が多く存在します。国際島嶼教育研究センターは、このような問題に対して、文理融合的かつ分野横断的なアプローチで教育・研究を推進してきました。現在までの多くの成果は様々な学問分野の発展に貢献してきましたが、今後は高校生、大学生などの将来の人材育成や一般の方への知の還元を目指していきたいと考えています。この目的への第一歩として、鹿児島大学島嶼研ブックレットを刊行することにいたしました。本ブックレットが多くの方の手元に届き、島嶼の発展の一翼を担えれば幸いです。

二〇一五年三月

国際島嶼教育研究センター長

河合　渓

冨山　清升（とみやま　きよのり）

［著者略歴］

1960 年神奈川県生まれ。東京都立大学大学院理学研究科博士課程修了、理学博士。日本学術振興会特別研究員 PD（受入：東京都立大学理学部）、環境省国立環境研究所・地球環境問題部門・野生生物保全研究チーム研究員、茨城大学理学部地球生命環境科学科助手、などを経て、1997 年より鹿児島大理工学研究科理学部門准教授、2018 年より鹿児島大学共通教育センター准教授。専門は動物生態学・行動学・生物地理学。

［主要著書］

「鹿児島県の絶滅のおそれのある野生動植物－鹿児島県レッドデータブック第二版－．動物編．貝類．」共著，鹿児島県環境生活部環境保護科編・財団法人鹿児島県環境技術協会，鹿児島，2015 年 3 月．

「新農学大事典・有害軟体動物の被害と対策」共著，養賢堂，東京，72―83,2003 年

「生態学事典・島の生物保全」共著，共立出版，東京，2003 年 5 月．

「外来種ハンドブック・島嶼，島嶼における外来種問題，アフリカマイマイ，ヤマヒタチオビガイ」共著，日本生態学会編 鷲谷いづみ・村上興正監修，地人書館，東京．2002 年 1 月．

「ジーニアス英和大事典・軟体動物（貝類）関連項目」共著，小西友七・南出康世；編集主幹．大修館書店，東京．2001 年 1 月

「日本の自然地域編 8．南の島々」共著、中村和郎・氏家 宏・池原貞雄・田川日出夫・堀 信行 編．岩波書店，東京．1996 年 1 月．

鹿児島大学島嶼研ブックレット　No.11

国外外来種の動物としてのアフリカマイマイ

2019 年 3 月 31 日　第 1 版第 1 刷発行

著　者　冨山　清升
発行者　鹿児島大学国際島嶼教育研究センター
発行所　北斗書房
〒132-0024　東京都江戸川区一之江 8 の 3 の 2（MM ビル）
電話 03-3674-5241　FAX03-3674-5244
URL　Http//www.gyokyo.co.jp

定価は表紙に表示してあります

ISBN978-4-89290-049-5 C0040